"十四五"国家重点出版物出版规划项目

青少年科学素养提升出版工程

中国青少年科学教育丛书

总主编　郭传杰　周德进

科学的

遗憾

刘巍　编著

浙江教育出版社·杭州

图书在版编目（CIP）数据

科学的遗憾 / 刘巍编著. -- 杭州 ：浙江教育出版社，2022.10（2024.5 重印）
（中国青少年科学教育丛书）
ISBN 978-7-5722-3229-9

Ⅰ．①科… Ⅱ．①刘… Ⅲ．①科学技术－技术史－世界－青少年读物 Ⅳ．①N091-49

中国版本图书馆CIP数据核字（2022）第044006号

中国青少年科学教育丛书
科学的遗憾
ZHONGGUO QINGSHAONIAN KEXUE JIAOYU CONGSHU
KEXUE DE YIHAN

刘巍　编著

策　　划	周　俊	责任校对	余晓克
责任编辑	江　雷　吴　昊	营销编辑	滕建红
责任印务	曹雨辰	美术编辑	韩　波
封面设计	刘亦璇		

出版发行　浙江教育出版社（杭州市环城北路177号 电话：0571-88909724）
图文制作　杭州兴邦电子印务有限公司
印　　刷　杭州富春印务有限公司
开　　本　710mm×1000mm　　1/16
印　　张　9
字　　数　180 000
版　　次　2022年10月第1版
印　　次　2024年5月第3次印刷
标准书号　ISBN 978-7-5722-3229-9
定　　价　38.00元

如发现印、装质量问题，请与我社市场营销部联系调换。联系电话：0571-88909719

中国青少年科学教育丛书
编委会

总序

高度重视科学教育，已成为当今社会发展的一大时代特征。对于把建成世界科技强国确定为 21 世纪中叶伟大目标的我国来说，大力加强科学教育，更是必然选择。

科学教育本身即是时代的产物。早在 19 世纪中叶，自然科学较完整的学科体系刚刚建立，科学刚刚度过摇篮时期，英国著名博物学家、教育家赫胥黎就写过一本著作《科学与教育》。与其同时代的哲学家斯宾塞也论述过科学教育的重要价值，他认为科学学习过程能够促进孩子的个人认知水平发展，提升其记忆力、理解力和综合分析能力。

严格来说，科学教育如何定义，并无统一说法。我认为科学教育的本质并不等同于社会上常说的学科教育、科技教育、科普教育，不等同于科学与教育，也不是以培养科学家为目的的教育。究其内涵，科学教育一般包括四个递进的层面：科学的技能、知识、方法论及价值观。但是，这四个层面并非同等重要，方法论是科学教育的核心要素，科学的价值观是科学教育期望达到的最高层面，而知识和技能在科学教育中主要起到传播载体的功用，并非主要目的。科学教育的主要目的是提高未来公民的科学素养，而不仅仅是让他们成为某种技能人才或科学家。这类似于基础教育阶段的语文、体育课程，其目的是提升孩子的人文素养、体能素养，而不是期望学生未来都成为作家、专业运动员。对科学教育特质的认知和理解，在很大程度上决定着科学教育的方法和质量。

科学教育是国家未来科技竞争力的根基。当今时代，经历了五次科技革命之后，科学技术对人类的影响无处不在、空前深刻，科学的发展对教育的影响也越来越大。以色列历史学家赫拉利在《人类简史》里写道：在人类的历史上，我们从来没有经历过今天这样的窘境——我们不清楚如今应该教给孩子什么知识，能帮助他们在二三十年后应对那时候的生活和工作。我们唯一可以做的事情，就是教会他们如何学习，如何创造新的知识。

在科学教育方面，美国在 20 世纪 50 年代就开始了布局。世纪之交以来，为应对科技革命的重大挑战，西方国家纷纷出台国家长期规划，采取自上而下的政策措施直接干预科学教育，推动科学教育改革。德国、英国、西班牙等近 20 个西方国家，分别制定了促进本国科学教育发展的战略和计划，其中英国通过《1988年教育改革法》，明确将科学、数学、英语并列为三大核心学科。

处在伟大复兴关键时期的中华民族，恰逢世界处于百年未有之大变局，全球化发展的大势正在遭受严重的干扰和破坏。我们必须用自己的原创，去实现从跟跑到并跑、领跑的历史性转变。要原创就得有敢于并善于原创的人才，当下我们在这方面与西方国家仍然有一段差距。有数据显示，我国高中生对所有科学科目的感兴趣程度都低于小学生和初中生，其中较小学生下降了9.1%；在具体的科目上，尤以物理学科为甚，下降达18.7%。2015年，国际学生评估项目（PISA）测试数据显示，我国15岁学生期望从事理工科相关职业的比例为16.8%，排全球第68位，科研意愿显著低于经济合作与发展组织（OECD）国家平均水平的24.5%，更低于美国的38.0%。若未来没有大批科技创新型人才，何谈到本世纪中叶建成世界科技强国！

从这个角度讲，加强青少年科学教育，就是对未来的最好投资。小学是科学兴趣、好奇心最浓厚的阶段，中学是高阶思维培养的黄金时期。中小学是学生个体创新素质养成的决定性阶段。要想30年后我国科技创新的大树枝繁叶茂，就必须扎扎实实地培育好当下的创新幼苗，做好基础教育阶段的科学教育工作。

发展科学教育，教育主管部门和学校应当负有责任，但不是全责。科学教育是有跨界特征的新事业，只靠教育家或科学家都做不好这件事。要把科学教育真正做起来并做好，必须依靠全社会的参与和体系化的布局，从战略规划、教育政策、资源配置、评价规范，到师资队伍、课程教材、基地建设等，形成完整的教育链，像打造共享经济那样，动员社会相关力量参与科学教育，跨界支援、协同合作。

正是秉持上述理念和态度，浙江教育出版社联手中国科学院科学传播局，组织国内科学家、科普作家以及重点中学的优秀教师团队，共同实施"青少年科学素养提升出版工程"。由科学家负责把握作品的科学性，中学教师负责把握作品同教学的相关性。作者团队在完成每部作品初稿后，均先在试点学校交由学生试读，再根据学生反馈，进一步修改、完善相关内容。

"青少年科学素养提升出版工程"以中小学生为读者对象，内容难度适中，拓展适度，满足学校课堂教学和学生课外阅读的双重需求，是介于中小学学科教材与科普读物之间的原创性科学教育读物。本出版工程基于大科学观编写，涵盖物理、化学、生物、地理、天文、数学、工程技术、科学史等领域，将科学方法、科学思想和科学精神融会于基础科学知识之中，旨在为青少年打开科学之窗，帮助青少年开阔知识视野，洞察科学内核，提升科学素养。

"青少年科学素养提升出版工程"由"中国青少年科学教育丛书"和"中国青少年科学探索丛书"构成。前者以小学生及初中生为主要读者群，兼及高中生，与教材的相关性比较高；后者以高中生为主要读者群，兼及初中生，内容强调探索性，更注重对学生科学探索精神的培养。

"青少年科学素养提升出版工程"的设计，可谓理念甚佳、用心良苦。但是，由于本出版工程具有一定的探索性质，且涉及跨界作者众多，因此实际质量与效果如何，还得由读者评判。衷心期待广大读者不吝指正，以期日臻完善。是为序。

2022 年 3 月

前言

　　我们生活在一个科学技术高度发达而信息又海量增长的时代，为了跟上发展的步伐，孩子们必须不断提高学习效率，尽可能在最短时间内掌握更多的知识和技能。因此，我们的教科书力求由一个个正确的科学知识点组成，引导孩子们做正确的实验，得出正确的结论。这么做适应了快速学习的时代需求，但并不一定能为孩子们描绘出科学发展的整体图景。

　　因为，恰恰是一次次错误和一个个遗憾，才成就了今天科学的辉煌。如果我们把审视的目光投向距今 2000 多年的古希腊，就会发现当时先贤们关于世界的解释——大到地球在宇宙中的位置，小到动植物如何繁衍后代，很多是错误的。当然这无损他们作为科学先行者的光辉形象。所有科学成就都是在不断试错的过程中得来的。即使在今天，情况依然如此，科学家们日常工作的不少时间都是在犯错，在错误中学习，在错误中调整，才能一步步接近真相。

这条道路上的艰辛，无论如何形容都不为过。因为科学家们即使不懈努力，也不意味着必然会成功。科学史上发生过不少这样的遗憾事件，原因各不相同。

有时问题出在科学家自己身上，他们被思维定式困住而忽略了幸运女神的暗示，继而朝着错误方向越走越远，比如因为深信"燃素说"而与氧化学说的发现失之交臂的英国化学家普利斯特里。

有时是被学术圈的"队友"误伤。正确理论的提出需要天时、地利、人和，历史上曾经出现过多次因为理论太超前，而没有被学术共同体接受的遗憾。提出者往往在误解和嘲笑中郁郁而终，有的甚至还被送进了精神病院。比如为了降低妇女产褥热发病率，提出医护人员需先洗手再给产妇做检查的塞麦尔维斯，最后却被质疑他的同行逼疯。

更有甚者，有时是整个时代的科学发展被野蛮力量狠狠凌虐，科学只能在几百上千年中发出微弱之光，以待燎原之机。比如公元前48年，罗马将军恺撒的一把大火摧毁了当时世界上第一个也是藏书最多的综合性图书馆——亚历山大城图书馆。这大大拖慢了科学前进的步伐，直到12世纪，欧洲人才通过阿拉伯人的收藏将古希腊典籍又传回欧洲，进而推动了后来的文艺复兴运动。

可惜的是，我们的孩子对这些科学史上的遗憾事件知之甚少。要知道，科学从来没有脱离社会文化独立发展，科学的知识体系看似高深莫测，普通人难窥其径，但是科学方法、科学思想乃至科学精神的形成和社会文化息息相关。古希腊的城邦制和自由民，极有可能为科学的起源做出了贡献；古埃及人深信死后转世，崇拜太阳神，催生了炼金术并孕育发展了近代化学；而17世纪英国科学、技术的显著发展则和当时的清教主义伦理观有着千丝万缕的联系。

我们只有了解了科学发展与社会文化的关系，尤其了解了科学发展过程中遗憾发生时的社会情境，才能知道如何规避曾经犯过的错误，如何正确引导社会大众，尤其是孩子们对科学的看法，如何为科学人才的培养提供合适的土壤，如何让科学精神更广泛而深入地渗透到社会生活的方方面面。而这些正是本书的编写初衷。本书写作过程中，参考了肖尊安、袁振东、熊洪录、任定成、周寄中、周雁翔、邢润川、曾敬民、荣小雪、饶毅、周福坤、蒋道平、浦根祥、郝刘祥、叶秀山、何法信、何军、李启剑、王荣彬、赵莉娜、舒建平、金常政、陈公琰、史志诚、孙小礼、乐秀成、秉航、聂建松、赵万里、戴秋华、邓可卉、马凌云、范晶等学界同仁的观点或文章，在此表示衷心感谢。

目录

第 1 章

困在思维的迷宫中

长在陶土盆里的柳树

　　大家即将看到的实验实在是太出名了，以至于我们在世界上很多国家的生物课本中都会看到对它的描述。这就是海尔蒙特的柳树实验。

　　这个实验在海尔蒙特生前并不为人所知，他的儿子在他离世后整理了他的文章，并于 1648 年在阿姆斯特丹结集出版。其中一篇文章中，海尔蒙特提到了这个著名的实验：

图 1-1　海尔蒙特像

　　我通过实验和计算得知，柳树全部生长量确实在物质组成上直接地仅由水这种物质产生。我选用一个陶土盆，放入经炉火烘干的土壤 200 磅（约 90.72 千克），用雨水浇湿。然后，栽植一株质量为 5 磅（约 2.27 千克）的柳树苗或柳条。经过长达 5 年的培育后，将柳树从陶土盆中挖出，称得其质量约为 169 磅 3 盎司（约

76.75 千克）。必须说明的是，我只用雨水或蒸馏水浇灌土壤（总是随需随浇）；这个陶土盆很大，我把它埋入土中，为了防止空中飞扬的尘粒落入盆中，我用一块表面涂锡的铁盖盖在盆口，铁盖上有许多小孔用于浇水；我没有计算前 4 个秋季落叶的质量。最后，我把土壤再次烘干，发现土壤质量仍然近于 200 磅，仅减少约 2 盎司（约 56.70 克）。因此，树枝干、树皮和根增加的 164 磅（约 74.39 千克）质量只能源自水。

以上文字"翻译"一下的意思是海尔蒙特用纯净的水浇灌柳树苗，5 年后，他发现柳树苗增重了近 75 千克，而培植柳树苗的土壤却只减少了 50 多克。这让他推导出柳树生长增量全部来源于水的结论。

图 1-2　海尔蒙特的柳树实验

我们现在当然知道这个结论是错误的，柳树生长的原因是光合作用。它利用光提供的能量，在叶绿体中把二氧化碳和水合成糖类等有机物，并且把光能转变成化学能，储存在体内，这样才能长大。

但在当时，人们相信古希腊哲学家亚里士多德的理论，即植物其实是头埋在土壤中的动物，它们的根就像动物的头一样，可以且仅从土壤中吸收营养。

图 1-3　植物与土壤

海尔蒙特跳脱了这个思维定式的影响，通过一个看上去很符合逻辑的实验来证明植物生长增量全部来源于水，从而挑战亚里士多德的权威理论，这对当时社会引发的震动可想而知。他采用的对土壤和柳树进行称重的方法，开创了实验生物学定量分析的先河，成为一种经典研究方法。

那他为什么没有得出正确结论呢？因为他采信了古希腊另一位哲学家泰勒斯的理论——水是世界的本原，所以试图用这个实验来证明泰勒斯理论的正确性。也许他太想证明这一点了，所以，尽管他早就知道植物干物质燃烧后会生成大量二氧化碳的事实［他亲手做过橡树木炭燃烧的实验，并注意到了最后大量生成的"西尔韦斯特气体"（也就是二氧化碳）］，但在柳树实验中却有意无意地忽略了这一点。于是他在打破一种思维定式的同时，又陷入了另外一种定式，而后者甚至影响了他作为一名科学研究者的判断力，这不能不说是一个遗憾。不过这也正是科学发展的迷人之处，科学家必须加倍小心，左躲右闪绕过前行路上的各种陷阱，才能最终获得科学女神的青睐。

虽然不知道你们是什么，但是请燃烧吧！

当我们的化学老师在提到"燃素说"的时候，通常会把它归为一种错误的理论，也有可能说一些"这种落后的理论阻碍了氧化论的形成"之类的话。

化学老师的话，也对，也不对。"对"的地方在于，站在今天回望过去，"燃素说"确实是一个错误的理论；"不对"的地方则是在当时看来，它未必是一种落后的理论。事实上，"燃素说"是化学史上第一个系统解释化学反应过程的学说，它以简明的语言初步构建了一个理论体系，并且可以解释当时人们所知道的大多数燃烧现象。

在 17 世纪，人们其实已经注意到大量可燃物，比如木、油、炭等，它们燃烧后的灰烬显然比燃烧前的物质要少很多，就好像燃烧过程中某些物质逃走了一样。人们很容易沿着这条思路去解释燃烧现象，即各种可燃物和金属中都含有一种可以燃烧的物质。1703 年，化学家斯塔尔将这种物质命名为"燃素"。他认为在燃烧和煅烧的过程中，可燃物失夫燃素变成灰渣，金属失去燃素变成煅渣，而在提炼金属时，金属煅渣和富含燃素的物质（比如木炭）反应，就会得到金属和灰烬。这个理论也能解释其他类型的反应，比如金属置换反应、酸的生成反应等，认为这些反应都是燃素的转移而已。

你也许会好奇，为什么化学史上第一个系统解释化学过程的理论是关于燃烧的？这其实和化学这门学科的形成背景有关。西方化学的始祖可以追溯到公元前 4 世纪末到公元前 1 世纪的炼金术。你可以把炼金术士视为早期的"化学家"。他们的目标是通过化学方法将一些基本金属转变为黄金，制造"万灵药"和"长生不老药"。在他们尝试的过程中，不可避免地会使用燃烧和煅烧的方式将金属混合熔化，这必然会引发他们对这两种方式的关注与思考，所以也就不难理解化学史上第一个系统理论的突破会发生在燃烧领域。

对当时大多数化学家来说，"燃素说"非常有效地解释了他们所遇到的化学现象，直到"例外"的发生。1774 年，"燃素说"的支持者英国科学家普利斯特里在用凸透镜聚光对热汞灰（氧化

图 1-4　普利斯特里像

汞，由水银燃烧后产生）进行加热的过程中，发现有气体产生，
而热汞灰又变回了水银。他意识到这种气体可能与燃烧现象有关，
于是收集了这种气体并对其性质进行了研究。

　　我把老鼠放在"失燃素空气"里，发现它们过得非常舒服后，
又亲自加入实验。我自己实验时，是通过玻璃吸管从放满这种气
体的大瓶里吸取的。当时我的肺部感觉和平时吸入普通空气一样；
但自从吸过这种气体以后，身心一直觉得十分轻快舒畅。有谁能
说这种气体将来不会变成通用品呢？不过现在只有两只老鼠和我，
才有享受呼吸这种气体的权利罢了。

图 1-5　普利斯特里"失燃素空气"的实验装置

　　看完这段描述，大家应该可以猜到，普利斯特里发现的其实就是我们熟悉的氧气，但是由于他是"燃素说"的拥趸，尽管发现这种气体能使物质更猛烈地燃烧，他依然不认为这种气体本身会燃烧，而认为它只是本身不含燃素，所以会吸收其他物质中的燃素，于是把它命名为"失燃素空气"。幸运女神就这样和普利斯特里擦肩而过。如果他不是那么深信"燃素说"，那么很可能就会作为"氧化学说"的提出者而被历史铭记。

　　虽然普利斯特里自己没有迈出这一步，但是他的发现却让拉瓦锡获益颇多。同年 10 月，普利斯特里拜访了很多科学家，其中就包括法国化学家拉瓦锡。他和拉瓦锡谈到了自己的实验和发现的新气体，后者受启发做了多次实验，将空气的成分划分为助燃气体和不助燃气体。1777 年，拉瓦锡发表了《关于密闭容器中金属灰化问题的报告》一文，提出金属灰的增重是金属与空气中某种成分相结合的结果，由此反驳了"燃素说"。1779 年，他又发表了《关于酸的性质和对于组成酸的元素的一般性质的考察》一文，在这篇文章中，拉瓦锡将这种助燃气体命名为"制酸元素"（principe oxygène）。氧的名称"oxygen"由此而来。拉瓦锡证明了可燃物的燃烧与金属的灰化实际上不是一个失去燃素的过程，而是一个与氧结合的过程，"燃素说"被他推翻，而代之以"氧化学说"。

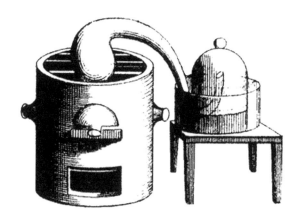

图 1-6　拉瓦锡对汞进行加热的实验装置（他把纯汞放在炭炉上加热 12 天，得到红色的氧化汞，并发现曲颈瓶中的空气减少了大约五分之一，剩下的气体则不能燃烧。他再将实验中得到的氧化汞收集加热，结果发现释放出的气体体积与上个实验中失去的气体体积一样）

1673年，英国化学家波义耳曾经做了这样一个实验：在一个敞口的容器中加热金属汞（汞在加热的条件下能与氧气反应生成红色固体氧化汞），结果发现反应后容器中物质的质量增加了。这是为什么呢？他的实验符合质量守恒定律吗？

1789年3月，拉瓦锡的著作《化学基础论》出版。这部划时代的著作系统地论述了"氧化学说"的科学理论，重新解释了各种化学现象，并且指明了化学研究的方向和任务，从而建立起从元素概念到反应理论的全面的近代化学体系。这本书的出版可视为近代化学的一场革命，从此化学作为一门独立学科，在拉瓦锡的领导下不断发展壮大。

故事如果说到这里，还算得上是一个圆满的结局，然而并没有结束。大家还记得普利斯特里吗？尽管看到了大量实验数据，他还是拒绝接受"氧化学说"，一直想找到证据为"燃素说"辩护。甚至在1804年临终前，他都在做木炭和氧化铁的实验。他儿子曾对他的临终状态做出了描述，后人根据这段记载，推测他可能死于一氧化碳中毒。

不过比他更悲惨的其实是拉瓦锡。虽然拉瓦锡在化学上取得了划时代的成就，但是他没有逃过法国大革命的动荡。作为包税官的他，最后却被处死。当时的法国革命法庭副长官拒绝了所有

给拉瓦锡求情的人。你说这遗憾吗？科学就是这样伴着遗憾在历
史中不断艰难前行。

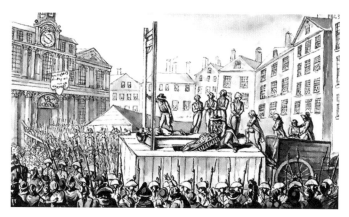

图 1-7　拉瓦锡被送上断头台

第2章

超越时代是喜还是悲？

不好好洗手，后果很严重

图 2-1　1830 年的塞麦尔维斯肖像

1818 年 7 月 1 日，塞麦尔维斯·伊格纳兹·菲利普在匈牙利的布达（匈牙利的一个富庶城市，多瑙河将它和佩斯分开）呱呱坠地。当时谁也不知道这个在家排行老五的孩子以后会拯救万千产妇的性命。1837 年秋天，高中毕业的塞麦尔维斯来到维也纳大学学习法律，不知道什么原因，第二年他转了专业，开始学医。1844 年，塞麦尔维斯获得了医学博士学位。他又申请了病理学方面的研究奖学金，但没有成功，于是他选择学习产科课程，后来获得了产科硕士学位。

初识产褥热

1846 年，塞麦尔维斯被分配到维也纳总医院产科的第一科室担任约翰·克莱恩教授的助理。这个职位相当于今天的"总住院医师"。他的职责是每天早上在教授来之前查房，监督指导难产病例的处理，教导学生以及做医案记录。

当时，产褥热是夺走产妇性命的重大疾病，在欧洲医院产妇的平均死亡率是 25%—30%。母亲死亡后，新生儿往往也会出现类似症状而随之夭折，可以想象这对一个家庭来说是多么沉重的打击。在塞麦尔维斯实习的第一科室，产褥热的发病率也居高不下，在他实习的两年里，就有六分之一的产妇因产褥热死亡。

现在，我们知道，产褥热是由金黄葡萄球菌以及链球菌感染产妇生殖系统而引发的。产妇一般在生产后 24 小时至 10 天内发病，典型症状就是高烧，体温 38℃以上，随之腹部发炎，腹痛剧烈，生殖道分泌出气味难闻的黏液，呼吸急促，心率加快，病程末

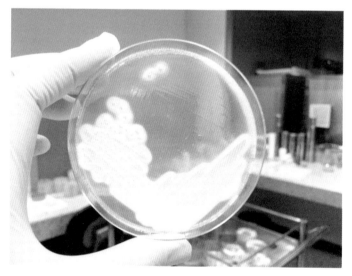

图 2-2　金黄葡萄球菌

期患者指甲和皮肤发紫，最后陷入精神错乱和昏迷状态直至死亡。

在 19 世纪中期，医生们并不知道这个病是由细菌引起的，所以对产褥热的病因头疼不已。他们对死亡产妇的尸体进行解剖，发现产妇体内充满了一种难闻的白色黏液，于是有人提出这些是产妇体内腐败的母乳。他们认为乳房和子宫是通过管道连接的，当管道堵塞时，母乳就会下行到产妇盆腔，随后扩散到全身。所以难闻的黏液就是腐败凝固的乳汁，它导致了产褥热。不少医生认为这是病人自身缺陷造成的，没有什么方法可以治疗。

也有一些医生认为是产妇生产后应该排出的血液、黏液等没有排出，结果逆行到产妇的器官和组织中，从而引发产褥热。发生这种情况的原因很可能是产妇脚冷、喝了冷水或者其血管狭窄。

还有一些比较"小众"的致病说，比如是病房里的血液、粪便、体液和脏床单所产生的臭气引发的；是坏天气引发的；或是光照和产科的磁场不对引发的。总之，许多人将产褥热发生的原因归结于环境因素。

诡异的医案记录

塞麦尔维斯的过人之处就在于，他没有被这些说法牵着鼻子走，而是选择相信自己的观察和判断。他的"医案记录"工作刚好为他提供了翔实的数据。

维也纳总医院附属于维也纳医学院，它是一所研究型医院，拥有当时世界上最大的妇产科科室，吸引了欧洲非常优秀的医生和科学家来这里工作。这里的产科有两个科室。塞麦尔维斯所在

的第一科室为医学院学生的教学之用，而第二科室是为培养助产
士服务的。

塞麦尔维斯的导师约翰·克莱恩教授是妇产科的负责人，他
规定学习临床医疗的学生可以在教学中解剖尸体，而学助产术的
学生则禁止接触尸体。而且，学习临床医疗的学生就算没有经验
也可以直接对产妇进行妇科检查。

这样的科室职责划分带来了一组比较诡异的数据。塞麦尔
维斯发现，1844 年，第一科室 3157 名产妇中得产褥热致死的有
260 人，死亡率是 8.2%，1845 年的死亡率是 6.8%，1846 年则是
11.4%。而第二科室的同期数据则低得多，这三年产妇的死亡率分
别为 2.3%、2.0% 和 2.7%。第一科室的数据甚至高于生产条件远
不如它的小诊所。其实产妇们也意识到这个奇怪的差异，谣言在
她们中间传播，她们千方百计要住进第二科室待产，就是为了躲
开第一科室的"神秘死亡诅咒"。

塞麦尔维斯当然不相信诅咒之类的说法。他开始用排除法查
找原因。他尝试了给产室开窗通风、改变接生姿势、给产妇保证
营养、让产妇喝热水等方法，结果都告以失败，并没有降低第一
科室产妇的死亡率。这时医院里发生的一起事故给了塞麦尔维斯
新的思考方向。

同事之死引发的大胆猜测

1847 年，塞麦尔维斯的同事，一位法医学教授，在解剖得产
褥热死亡的产妇尸体时，手指不小心被手术刀划伤，结果也出现

了和产褥热一样的症状，随之死亡。这个事件让塞麦尔维斯猜测，可能有一种和产褥热相关的腐败有机物存在于产妇的血液中，然后通过血液又感染了自己的同事。

顺着这条思路再往下推，他惊奇地发现，很可能自己和那些学习临床医疗的学生就是造成第一科室产妇产褥热死亡率居高不下的原因。因为，他们常常在太平间解剖完产妇尸体后就直接去对产妇进行盆腔检查或者接生。那么，很有可能就是他们将尸体上的腐败有机物传给了健康的产妇，再由产妇传给了孩子。由于第二科室是由不参加尸体解剖的助产士们负责的，产妇得产褥热的死亡率远远低于第一科室的产妇，也就说得通了。

他被自己的想法吓了一跳，要知道 1856 年巴斯德才提出微生物的概念，在此之前，人们根本不知道什么是微生物，也不知道它会致病。塞麦尔维斯为了验证自己的想法，马上要求实习生们在进入第一科室前必须先用含有漂白粉的水洗手，给产妇进行盆腔检查前也必须洗手，一个月内要多次给产妇更换床单。效果立

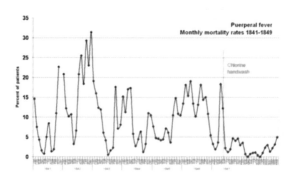

图 2-3　第一科室产妇死亡率（1841—1849）在医生使用漂白水洗手后显著下降

竿见影，6 个月内，第一科室的产妇产褥热死亡率从 1847 年 5 月的 18% 降到了 3%。

巴斯德与微生物

1856 年夏天，巴斯德应一些酒厂主的请求，帮助解决酒发酸的问题。巴斯德对正常的酒和发酸变质的酒进行了反复研究。在显微镜下，巴斯德发现，完好的酒中有一种球形生物，即酵母菌，这些酵母菌使糖发酵成酒精；而变质酒中的类似生物是杆状的，这些杆状的生物即为乳酸菌和醋酸菌等杂菌，这些杂菌使酒精氧化变酸。由此，他得出结论，发酵现象不是单纯的化学变化，而是由微生物引起的，不同种的微生物引起不同类型的发酵。这是人类第一次认识到微生物的作用及其引发现象的本质。

正当塞麦尔维斯想要接着采取更严格的消毒和预防措施时，他的导师约翰·克莱恩教授却站出来反对他。克莱恩保守而顽固，认为自己是医生，是绅士，自己的手不可能把病带给病人。他可能也是古希腊"四体液说"的支持者，认为人会生病是四种体液失衡的结果，不是什么腐败有机物搞的鬼。由于导师强烈反对，塞麦尔维斯最终丢掉了在维也纳总医院的工作。

同行的抨击：难以承受之重

图 2-4　塞麦尔维斯《产褥热的病因、概念和预防》的扉页

1851 年，塞麦尔维斯在佩斯的圣·罗库斯医院的妇产科找到了一份工作。当时这家医院的妇产科正为产褥热所困，他马上采取了一系列的消毒措施，成功地将产妇产褥热的死亡率从 10%—15% 降到了 0.85%。很不幸，这一次，他遭遇了同行大肆抨击。他们认为塞麦尔维斯的做法是对医生的污蔑，和约翰·克莱恩一样，他们坚称自己的双手绝对不会让产妇染病而亡。这让塞麦尔维斯非常愤怒，但是，直到 1861 年他详细阐述自己研究的《产褥热的病因、概念和预防》一书出版，这种情况仍没有得到改变。

他的情绪越来越糟糕，面对质疑也变得越来越好斗。在随后的一年里，他多次发表公开信，对反对者进行毫不留情的回击，甚至将他们称为"谋杀犯"。然而这也没能使他的理论被广泛接受。

1865 年，塞麦尔维斯的精神状态越来越不稳定，他的妻子把他送到了维也纳精神病院。7 月，他死在了精神病院，年仅 47 岁。根据后来的尸检报告，他在死前遭到了残酷的殴打，身上的外伤使他感染了细菌，最后死于败血症。而他关于产褥热的理论直到

19 世纪末期微生物学说在欧洲普及后,才最终被人们承认。

一个天才,明明做的是正确的事,却因为理论太超前,无法得到同行们的承认,最终被活活逼疯,死在了精神病院。人们后来才意识到他的伟大,在布达佩斯修建了塞麦尔维斯纪念馆,在维也纳广场竖起了他的雕像,匈牙利最著名的医科大学也以他的名字命名,1999 年奥地利政府为他发行了纪念金币,人们将他称为"母亲救星"。只是斯人已去,这些死后的荣誉并不能弥补他生前被人误解的遗憾。

图 2-5 奥地利政府 1999 年发行的塞麦尔维斯纪念金币。纪念金币面额为 50 欧元,重 10 克,直径 22 毫米,采用 98.6% 的黄金制成,发行量是 5 万枚

豌豆的秘密

有一种蔬菜,在人们的餐桌上一直是配角,受欢迎程度甚至

不如土豆——没错，这就是豌豆！

接下来我们要说的就是小小豌豆大翻盘的故事。一个叫孟德尔的人把这些豌豆变成了科学史上的大明星，他通过解读豌豆传递的遗传密码，奠定了现代遗传学的基础。

图 2-6　豌豆

为了求知当神父

1822 年 7 月 20 日，孟德尔出生于奥地利帝国西里西亚海因策道夫村。他家境贫寒，父亲是一位佃农，终日在田间劳作，孟德尔从小就在家帮忙，这些农活让他积累了最基础的植物学和园艺知识。受经济条件所限，他中学毕业后就很难再继续学业了，这让他痛苦万分。于是他做出了一个重要决定——当神父，这样就既能保证有稳定的收入来源,又可安心学习。

图 2-7　孟德尔

1843 年,他的申请被布鲁诺的圣汤玛斯修道院批准,从此他的形象就被定格为教科书上的插图——一个身穿黑袍、神情平静的神父。作为神职人员,他终身不娶,拥有足够的金钱和时间从事自己喜欢的自然研究工作。在修道院中,他自学各种经典,因为对自然研究感兴趣,于 1845 年到布鲁诺哲学学院学了农业、园艺和葡萄种植课程。与此同时,作为当地实验中学的代课老师,他还教孩子们学习物理学和博物学。

在孟德尔之前,人们相信的是“融合遗传”理论,即后代的性状是父母性状融合的结果。用一个简单的公式表达就是:黑+白=灰。孟德尔有可能是从自己的园艺实践中发现这并不符合遗传理论的现象,决定自己做实验来弄清楚这个问题。

从 3∶1 到 1∶2∶1

从 1854 年开始,孟德尔选择了一些植物进行一系列关于遗传的实验。其中对后世遗传学产生了巨大影响的就是他用豌豆进行的长达十年的实验。将豌豆作为实验对象是一个明智的选择,原因是:

第一，豌豆可以自花授粉，而且是闭花授粉，也就是说豌豆在花还没有开时就已经完成了授粉，所以它在自然条件下可以保持纯种。

第二，豌豆的不同性状非常容易辨识，高和矮，黄和绿，平滑与皱褶等，这便于对实验数据进行记录。

第三，豌豆的性状可以稳定遗传给后代，同时豌豆花朵又比较大，容易进行人工授粉，因此可以顺利进行豌豆品种间的杂交。

第四，豌豆每一代都能结出大量种子，所以容易收集到足够多的数据进行统计分析。

他的实验涉及豌豆 7 对性状，包括种子形状（平滑或皱褶）、种子颜色（黄或绿）、豆荚颜色（黄或绿）、豆荚形状（鼓或瘪）、花色（紫或白）、花的位置（顶或侧）、茎的高度（高或矮）。

他把这 7 对性状分别进行杂交，得到了有趣的发现。比如平滑种子和皱褶种子的豌豆杂交后长出来的第一代都显现出其中一个性状，也就是全部平滑；而把这些第一代豌豆再做杂交，长出的第二代则又会显现出不同性状，有平滑的，也有皱褶的。孟德尔将 7 对性状区分出显性与隐性，统计出了第二代豌豆性状的显隐之比——神奇的 3 ∶ 1（见图 2-8）。观察到这个现象后，实际上孟德尔已经反驳了"融合遗传"理论，因为第一代显示出来的性状并不是它们父母的折中表现，而且第一代中没有表现出来的性状也没有消失，它们在第二代中还会出现。孟德尔并没有停留在这一步，他使用第二代豌豆又做了一年实验，得到了第三代豌豆。

他发现第二代中的那个"1"，也就是表现出隐性性状的豌豆，

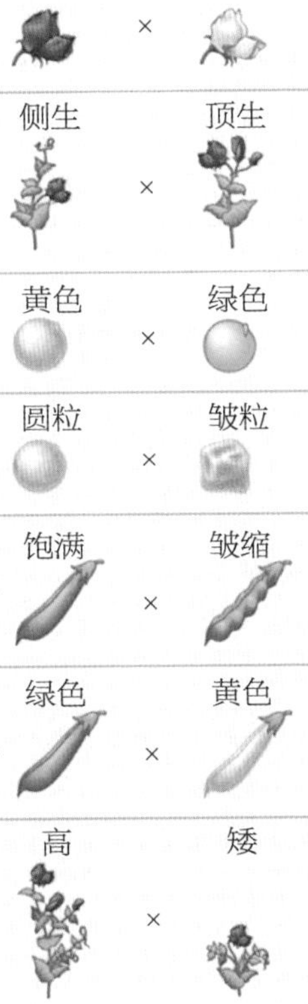

特性	显性性状	×	隐性性状	第二代显性-隐性比	比例
花的颜色	紫色	×	白色	705：224	3.15：1
花的位置	侧生	×	顶生	651：207	3.14：1
种子的颜色	黄色	×	绿色	6022：2001	3.01：1
种子的形状	圆粒	×	皱粒	5474：1850	2.96：1
果荚的形状	饱满	×	皱缩	882：299	2.95：1
果荚的颜色	绿色	×	黄色	428：152	2.82：1
茎的高度	高	×	矮	787：277	2.84：1

图 2-8　神奇的 3：1

在第三代中还是表现出隐性性状。而第二代中表现出显性性状的"3",则在第三代中进一步分解为 1：2。其中的"2"是在第二代中的杂交体,也就是说,虽然这些豌豆表现出了显性性状,但是这个性状不能稳定遗传给下一代,后代会出现性状分离。而其中的"1"也表现出了显性性状,但是这个性状可以稳定遗传给下

一代，不会出现性状分离。我们可以用图 2-9 这样的方式来表达
这段话的意思。

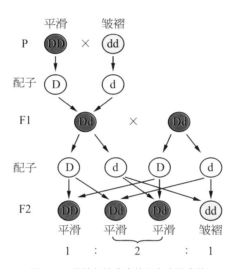

图 2-9　孟德尔的分离律和自由组合律

　　图 2-9 中 DD 和 dd 分别表示纯种平滑豌豆和纯种皱褶豌豆的
遗传因子，它们都是纯合子。我们现在知道，生物的性状是由遗
传因子决定的，而体细胞中的遗传因子是成对存在的。当 DD 和
dd 杂交时，DD 和 dd 会分离形成配子 D，D，d，d。它们各出一
个配子，组合成全新的遗传因子，所以第一代组合的结果全部是
Dd，它们都会表现出显性性状。第一代的 Dd 和 Dd 再杂交，出现
了第二代 4 种自由组合结果，分别是 DD，Dd，Dd 和 dd。带有 D
的豌豆都表现出显性性状，即表皮平滑，而没有 D 只有 d 的豌豆
就表现出隐性性状，即表皮皱褶。所以从总数上看，这代的显隐
之比是 3：1。而当时孟德尔在第二代时并没有看出这 4 种组合

结果可以细分为 DD, Dd, Dd 和 dd, 他是到第三代时才弄清 3 ：1
实际上是 1 ： 2 ： 1。

这就是孟德尔的分离律和自由组合律。

投入深湖的小石块

孟德尔于 1865 年公布了他发现的遗传学规律, 1866 年又以
德文在《布鲁恩自然史学会杂志》发表了论文《植物杂交试验》。

这篇论文并没有如我们想象的那样引起生物学界的轩然大波。
孟德尔把他的论文寄给了 40 位科学家, 但是大都没有得到反馈。
其中对他最友善的大概是瑞士著名植物学家、慕尼黑大学教授耐格
里。孟德尔在信中向耐格里教授请教了山柳菊的遗传问题。他发现
山柳菊并不符合豌豆实验中所总结出来的遗传规律（其实是因为山
柳菊是单性繁殖, 不能杂交）, 而其他植物, 如紫罗兰、茯苓、玉
米和紫茉莉等则与豌豆一样。耐格里在信中鼓励了孟德尔, 不过
也仅仅是鼓励而已, 他并没有把孟德尔的工作当成学术研究看待。

虽然有几位科学家在论文中提到了孟德尔,《大不列颠百科全
书》也于 1881 年收录了对孟德尔研究的介绍, 但是总体而言, 生
物学界对他的结论并不重视。

这也不能完全归因于当时学界不识货。首先, 孟德尔并不是
一位科研工作者, 而只是一位对科学感兴趣的神父, 这就无形中
降低了他论文的权威性。其次, 他也承认其结论并不适用于山柳
菊, 当然我们现在知道这是由山柳菊单性繁殖造成的, 但在当时
来看一个存在明显解释缺陷, 只适用于部分植物的理论, 其说服

力显然是大打折扣的。再次，当时多种遗传理论并存，除了前文介绍过的朴素的"融合遗传"理论外，还有达尔文的"泛生论"，它们似乎都能说明一些情况，但同时又无法解释另一些情况。所以当一个正确理论摆在面前的时候，大多数科学家并没能抓住机会。

后来耐格里的学生科伦斯和英国人威廉·贝特森为推广孟德尔学说做了很多工作，不过最终此学说地位的确立及承认和美国著名遗传学家摩尔根有很大关系。

为豌豆正名的果蝇

摩尔根本来并不接受孟德尔的遗传理论，他甚至于1909年在论文中提及"孟德尔主义"时，使用了"高级杂耍"这样的字眼。不过就在这样评论孟德尔一年之后，故事情节出现了极具讽刺意味的反转。

图2-10　摩尔根

摩尔根在自己所做的果蝇遗传实验中发现了一只变异的白眼雄蝇。他把这只果蝇和正常的红眼雌蝇交配，结果在它们的第二代中，红、白眼果蝇的比例诡异地定格为3∶1。这与孟德尔的结论不谋而合。于是摩尔根不得不调整研究思路，采用孟德尔的方法取得了大量数据，得到了和孟德尔一样的结果，并由此创立了染色体遗传理论。1933 年，他因为这项成就获得了诺贝尔生理学或医学奖。

孟德尔在生前没有获得同时代科学家的认同，但他的理论却在提出几十年后成就了另一位伟大的科学家摩尔根。对孟德尔来说，这的确非常遗憾。好在科学共同体具有自我纠错机制，摩尔根面对事实收起了他的傲慢，也用更加严谨的实验为孟德尔正了名。

这也是科学发展道路上的一种遗憾，有些理论尽管提出较早，并且站在今天看距离真相更近，但是由于它太超前了，且不能完全回答质疑，相反还没有落后的理论适合应用，所以也只能暂时被埋进历史的沙堆中，等到时机成熟再重放光芒。

图 2-11 果蝇

未获承认的"日心说"

　　哥白尼长期被视为反抗教会的典型，他提出的"日心说"是对中世纪宗教神学宇宙观的极大挑战，而他也因此被教会迫害和封杀，直到临终才出版《天体运行论》。

图 2-12　围绕太阳运转的行星

　　毫无疑问，后人对哥白尼给出了极高的评价："哥白尼革命在革新天文学的同时，也成为整个自然科学的突破口，使得开普勒、伽利略、牛顿的卓越成果相继问世。'对于开普勒来说，它（日心说）是他发现行星运动定律的必要前提；而对牛顿来说，它指示了一条合理解释这些定律的道路。'"

　　而哥白尼"这种不畏世俗教义，追求真理，敢于挑战传统观念的创新思想与方法，构成了科学精神的核心要素，对近代科学的进程产生了巨大影响"。

类似的评价都把哥白尼和教会放在了"水火不相容"的对立面,教会为了维护自己的宗教权威必定要清除像哥白尼这样的异端,所以对他的打压和迫害是显而易见的。

从另一个角度,如果我们认真审视科学史,会发现科学与宗教的关系并不总是界限分明的,越向前推,纠缠得越紧密,在很多情况下,并不能用"对立"这个词来简单描述它们的关系。

比如在哥白尼这个案例上,如果我们回顾那段历史,就会发现其实他和教会的关系跟我们想象的并不完全一样。

教会资助又鼓励,哥白尼终于出新书

1473 年 2 月 19 日,哥白尼出生于波兰维斯瓦河畔的托伦市的一个富裕家庭。

18 岁时,哥白尼进入位于波兰克拉科夫的雅盖沃大学学习医学。24 岁时,他又前往意大利博洛尼亚大学学习教会法。在此期间,他还跟着当时著名的天文学教授诺瓦拉学习了天文学。

1500 年,哥白尼来到意大利罗马,找到一份数学教师的工作。而后他的工作

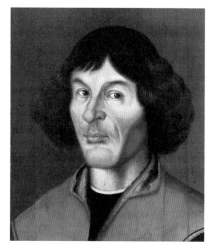

图 2-13 挂在托伦市市政厅的哥白尼画像

图 2-14　哥白尼出生地

地点和职位多次变动，从海尔斯堡到弗龙堡再到阿伦斯泰因，从"御医"、教区城堡的管理者到代理主教，直至地区金融顾问。可见他并不是天文学的专职研究者，他的工作也和教会关系密切。不仅如此，哥白尼还曾向教皇利奥十世建议，对儒略历的修订必须建立在更多观测数据之上。教皇采纳了他的建议，并让教会为他的观测提供资助，至今在哥白尼当初工作过的地方还留有观测遗址。

卡普亚的尼古拉·舍恩贝格还于 1536 年主动给哥白尼写信，让他尽快出版《天体运行论》，并提出可以帮他承担出版费用。

链接

儒略历

儒略历是由罗马共和国独裁官儒略·恺撒采纳数学家兼天文学家索西琴尼的计算后，于公元前45年1月1日起执行的取代旧罗马历法的一种历法。儒略历中，一年被划分为12个月，大小月交替；四年一闰，平年365日，闰年在当年二月底增加一闰日，即366日，年平均长度为365.25日。在实际使用过程中，累积的误差随着时间推移越来越大，1582年，教皇格里高利十三世开始推行以儒略历为基础加以改善的格里高利历，即沿用至今的公历。

1543年，《天体运行论》终于出版。哥白尼在这本书的序言中特别感谢了尼古拉·舍恩贝格主教和捷耳蒙诺地区的主教台德曼·吉兹，因为他们"反复鼓励我，有时甚至夹带责难，急切敦促我出版这部著作，并最后公之于世"。

如此看来，实际情况和我们想象的差很多啊。为什么在我们印象中本该反对哥白尼的教会，会这么热心地对待他？

这就要看哥白尼为什么提出"日心说"了。要说清楚这件事，咱们必须把时间线大幅度往前推。

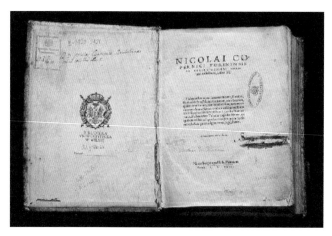

图 2-15　1543 年出版的《天体运行论》扉页

为了圆形，为了美的"日心说"

其实"日心说"并不是一个新鲜出炉的面包，很久以前，古希腊有一个叫阿利斯塔克的人就曾提出过"日心说"。他认为太阳和恒星的位置不变，太阳是宇宙的中心，行星则以太阳为中心做圆周运动，而地球每天自转，同时每年沿圆周轨道绕着太阳公转一周。在他的著作《论日月的大小和距离》中，他用数学方法算出了日地距离为月地距离的 18—20 倍，太阳直径是月球直径的18—20 倍、地球直径的 6—7 倍。现在我们知道，这些结论是错误的，但是他通过计算得知太阳比地球大得多，而在逻辑上大的物体无法绕着小的物体运动，因此他推测地球绕着太阳运动，而不是太阳绕着地球运动。

遗憾的是，这个理论没有得到大家的认同，原因在于，如果地球是运动的，那么必然会带来"恒星视差"（请记住这个术语，它非常重要，我们后面还会提到它），然而，恒星距离地球太过遥远，当时人们根本观测不到这个视差，所以阿利斯塔克没有办法回答别人的质疑。

克罗狄斯·托勒密建立在"地心说"基础上的"本轮均轮"体系则避开了这个"漏洞"。如果以地球为中心，地球的位置是不变的，那么也就没有视差了。托勒密接受了以亚里士多德为代表的古希腊哲人关于天体运动的理念，即所有天体都是沿着最完美的圆形轨迹做匀速运动的。但在实际观测中，可以见到行星的不规则运动轨迹（比如行星的逆行），为了使观测现象与他们的理念相符，他们就费尽心力用数学模型解释行星的轨迹，让它们做匀速圆周运动。

托勒密的"本轮均轮"体系集前人研究之大成，在解释这些现象方面成绩突出。他认为宇宙是有限的，而地球是宇宙的中心，由内向外可以分为 11 个等距离天球，最外面是"原动天"，然后是布满恒星的"恒星天"，月球、水星、金星、太阳、火星、木星、土星等分处不同天球上。每颗行星做较小的圆周运动，这个小圆叫作"本轮"，每个小圆的圆心围绕着一个叫"均轮"的大圆运动。地球并不在均轮的正中心位置，而是偏在中心一侧，均轮中心的另一侧则有一个"等分点"。各颗行星虽然没有在均轮上做匀速运动，但是相对"等分点"的角速度却是均匀的。这就解释了为什么行星相对地球的运动速度是近快远慢，而本轮和均轮的叠加则解释了行星的逆行和亮度变化。

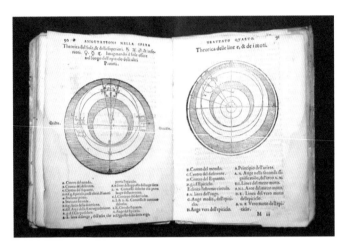

图 2-16　13 世纪，一本介绍托勒密"本轮均轮"体系的书

　　随着观测数据的不断增加，人们发现，为了解释清楚更多行星的运动轨迹，就必须在均轮上叠加更多本轮。这样，到了 16 世纪哥白尼时代，托勒密体系上的本轮总数增加到了 80 个。可想而知，这个体系实在是庞大又臃肿，而计算轨迹则变得越来越麻烦。

　　哥白尼觉得这不太对，照这么加下去，得套多少轮子才是个尽头！而且这么设计既不简单也不完美。为了修正托勒密体系，维护"完美的圆周"，就必须减少本轮的数量，那该怎么做呢？他有个大胆的想法——把宇宙中心换成太阳！

　　他在托勒密体系中，把地球、月球和太阳交换了位置。地球和月球被放在第三层天球上，太阳是宇宙中心。地球每天自转，月球绕着地球转动，地球和其他行星则都绕着太阳转动，而恒星是不动的。这样行星的运动就不再是看起来的运动，而是实实在在的运动,而地球和行星公转速度的差异就解释了托勒密需要好几个本轮叠加在一起才能描绘出的逆行轨迹。这样本轮数就能大为减少。

恒星视差:难以迈过的坎

哥白尼这个想法并没有得到当时社会的认同。最主要的原因是他的模型自洽性还存在问题。哥白尼为了回归亚里士多德"简单完美之圆形"的理念而改造托勒密的体系,他在追求这个目的的同时,却犯了另外一个"错误"——他让地球同时具备自转和公转两种运动状态,并且会一直保持下去。这不符合亚里士多德关于"目的因"理念的论述——"若有一事物发生连续运动,并且有一个终结的话,那么这个终结就是目的……"地球两种连续运动的状态就意味着在一个物体上存在两个目的,这是当时的人们很难接受的。

关于前面提到的"恒星视差"问题,根据哥白尼的模型,人们每天晚上看到的恒星位置应该是不同的,但由于地球与恒星距离太远,再加上当时落后的观测手段,人们看不到恒星视差,于是哥白尼模型的说服力又削弱了几分。真正测到恒星视差需要等到 19 世纪,几百年后才能得到的数据显然无法帮助 16 世纪的哥白尼论证自己的观点。

因此,哥白尼的"日心说"面世时,主要的质疑并不是来自教会。事实上,在他死后,天文学家赖因霍尔德还根据他的模型算出了普鲁士天文表,帮助当局于 1582 年进行历法改革,并由教

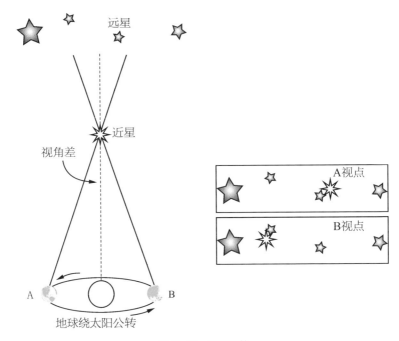

图 2-17　恒星视差

皇格里高利十三世宣布，新的格里高利历取代了误差越来越大的
儒略历。

　　那么，为什么会给大家留下哥白尼遭受教会迫害的印象呢？
那是因为《天体运行论》的编者为这本书写了一篇匿名的序，文
中把地球的运动描述成一个数学上的假说和模型，而不是对真实
世界的反映。由于文章匿名，大家误以为这篇序是哥白尼本人写
的，而之所以会有这种说法，就是因为哥白尼受到了教会的卑鄙
阻挠，让他不能自由表达观点。

　　其实，直到 1616 年的伽利略时期，宗教裁判才裁定哥白尼学

说是错误的,将之定为"异端学说"。在这之前,教会与哥白尼并没有达到水火难容的地步。

因此,在历史上,科学与宗教的关系,远远不像我们想象的那样简单,两者之间往往呈现出一种微妙的共生关系。这也进一步说明,如果我们撇开当时的社会情境来论述科学理论,则无法得到科学发展的整体图景。

图 2-18　布鲁诺像

挑错挑出来的计算机先驱

图 2-19 查尔斯·巴贝奇

1791 年 12 月 26 日，一个非常聪明的小孩降生在了英国德文郡的一个银行家家里。他就是查尔斯·巴贝奇。巴贝奇是个小天才，也是个"小刺头"，喜欢给看不过去的事情挑错。他身体不太好，上学总是去一阵歇一阵，于是从 8 岁起，他爸爸就高薪聘请家庭教师在家教他。这么做的好处是尊重他的个性，因材施教，他可以选择自己感兴趣的内容深入学习，而坏处是他在人际交往方面少了很多实践机会，这也是他后来命运不顺的一个重要原因。

1810 年，巴贝奇顺利地考上了英国名校——剑桥大学。他所在的三一学院是剑桥大学最大的学院，也是著名物理学家牛顿的母校。至今在三一学院里还有一棵小苹果树，据说是当时砸到牛顿的那棵苹果树的后代。

图 2-20　剑桥大学三一学院的苹果树

"小刺头"一战"流数术"

巴贝奇踌躇满志，希望在剑桥大学能学到更多更高深的知识，施展自己的才华。但是他很快发现，老师讲的知识太陈旧，好多是他已经会的，而且很多时候，老师还没有他懂得多。

为什么会这样呢？如果你看了本书第 6 章"致那段因为面子而被浪费的光阴"一节，就会明白，这种状况是拜牛顿所赐。由于牛顿和莱布尼茨的微积分优先发明权之争，英国的学者们为了面子放弃了莱布尼茨好用的微积分符号体系，而在大学里继续教授牛顿的"流数术"。这个"一定要争一口气"的举动延续了近100 年，直到 19 世纪早期，英国学校里教的还是牛顿时代的数学。

科学的遗憾

巴贝奇的"小刺头"脾性爆发了。他未上大学时就知道欧洲大陆的数学家们在莱布尼茨工作的基础上又优化了微积分理论，好多法国、德国的学者已经在这个领域开辟了新的分支。所以，对于这种因为顽固守旧而放弃发展的事情，他看不过去，他觉得政府应该改革现有的教育制度。1812 年，他和剑桥大学的小伙伴约翰·赫歇尔、乔治·皮科克一起成立了数学分析学会，学会的定位就是"为反对'点主义'（点是牛顿用的符号），并拥护'd 主义'（d 是莱布尼茨用的符号）而奋斗的学会"。他把法国的教科书《微积分》引入英国，并出版了《和大陆竞争对手立于同一基础的英国数学家们》一书，为自己的主张大声疾呼。学会工作做得有声有色，但是不知道什么原因，这年他从剑桥大学三一学院转出，转到了同校的彼得学院。

后来，在这帮年轻的志同道合者的努力下，英国学界终于逐渐接受了莱布尼茨的微积分体系而放弃了难用的牛顿"流数术"。

"小刺头"二战数学表

"小刺头"挑的第一个错就产生了巨大的影响，巴贝奇很快向着第二个错误发起挑战。

他对天文学也很感兴趣，在创立数学分析学会的同时，他还协助成立了天文学会。不管是研究数学还是天文学，都需要看数学表。当时人们使用的关于对数和三角函数的数学表是 18 世纪末法国数学界集合了大批数学研究人员，花费大量时间人工计算出来的。这张表错误百出，巴贝奇实在无法忍受，他觉得自己有责任也有能力拯救那些被错误数学表毒害的人。

当时已经有机械计算机可以进行一些运算,但是运算的位数少,精度低,而且算出来的数学表又长又多。另外,如果印刷计算结果的话,还需要人工抄写,这样,从计算到排版再到印刷,每一个环节都有可能把计算结果搞错。

巴贝奇想,有没有可能设计出一种自动化程度很高的计算机来解决这个问题呢?在他的设想中,新的计算机应该可以准确地自动计算,并且直接把计算结果打印在有孔纸带上。这样,需要印刷的时候,只需要直接读取有孔纸带的信息,从而将排版、印刷过程中的出错概率变小。

于是,巴贝奇的研究兴趣从天文学转移到了计算机。他的想法在1812年萌发,直到1821年才在父亲的经济支持下付诸实践。这期间,他成为英国皇家学会会员,结了婚,但这位剑桥顶尖的数学家,却没有在大学中找到教师

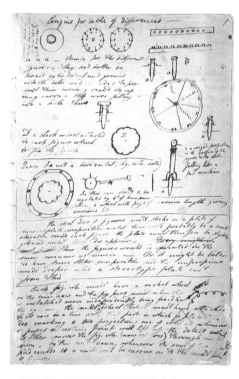

图 2-21 巴贝奇最初关于差分机的设想草图

职位。这很有可能和他不善交际的个性有关。不过他也不着急，家庭富裕的他并不为衣食发愁。

然而，研究计算机确实很烧钱，才一年时间，就把他父亲折腾得撑不住了。巴贝奇想，计算机一旦研制出来，政府是最大的受益者，于是，他向政府申请资助。

让英国政府动心的差分机

英国政府很感兴趣，经过审查后，决定于 1823 年开始资助巴贝奇。巴贝奇将自己的计算机命名为"差分机"。

这台机器的工作原理就是，把函数表的复杂算式转化为差分运算，用简单的加法代替平方运算。

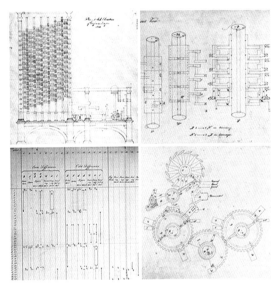

图 2-22　差分机 1 号的精细设计图

为了更经济，巴贝奇的差分机使用十进制数字系统，而不是莱布尼茨的二进制。采用齿轮结构，将每一组数字刻在一个相应的齿轮上，这就是数字轮。每次运算结果由相啮合的一组数字轮旋转方位显示，而且只显示有效的多位数值。他在 1822 年做出来的差分机的一部分，已经可以处理 3 个不同的 5 位数，演算出好几种函数表，计算精度可达到小数点后 6 位。在他的设计中，这台差分机将有 25000 个零件，重达 15 吨。

这台机器的烧钱程度远超政府预期。一个原因是，零件加工精度要求高，误差必须在每英寸千分之一以内，当时的机械制造水平显然达不到这个标准，巴贝奇只好聘请一个有经验的工匠师傅克莱门特来手工加工，这导致成本居高不下。另一个原因，这是创新设计，没有多少前人工作可以参考，巴贝奇只能边设计边制作边调整，这又花了不少钱。由于他不善处理人际关系，他和克莱门特的关系越来越差，到了 1834 年，克莱门特终于忍无可忍，一走了之。这时，差分机才完成七分之一。这大大消耗了政府的耐心，也使巴贝奇遭遇了信任危机。1842 年，政府部门测算后发现，这个项目已经花了 17470 镑，相当于投入了两艘战舰或 22 个蒸汽火车头的预算，他们最终停止了对项目的资助。

超越时代的梦想太昂贵

巴贝奇并没有因为政府的态度而放弃。他一门心思扑在设计改进上。他在制作差分机的过程中，逐渐意识到完全可以设计一台更高级的机器——分析机，来提升计算性能。他设想分析机可以用蒸汽机的动力驱动大量齿轮运转，能自动计算有 100 个变量的数学题，每个数可以达到 25 位，速度是每秒运算一次，设有存贮库（可以保存 1000 个 50 位数）、运算室，还有使用二进制的控制器，并且受到法国人贾卡发明的提花机的启发，分析机还能用有孔资料卡片进行编程。这个想法太伟大了，存贮库存储信息，运算室进行数据处理，这不和现代计算机的记忆与信息处理功能一样吗？正是这种设计理念，为他赢得了"现代计算机科学先驱者"的地位。

虽然巴贝奇于1826年取得了剑桥大学卢卡斯数学教授席位，但是这点工资显然不够支持他的发明事业。为了顺利制成分析机，必须先开发出一套带有复杂控制系统的能自动进行倍加和倍减运算的机械装置。这就是巴贝奇所命名的"差分机2号"（之前的差分机为1号）。1852年，他拿着自己绘制的上百张差分机2号的图纸找政府资助，政府不出意料地拒绝了他。此时，为了梦想，他已把父亲留下的遗产和自己的积蓄全花光了，贫困潦倒。比贫穷更让他受打击的是人们对他的冷嘲热讽，有人甚至公开称他为"疯子"。1871年，巴贝奇在质疑和嘲笑声中去世，他为差分机和分析机所画的精美设计图纸则捐给了博物馆。

从巴贝奇的经历可以看出，科学的发展也需要"天时、地利、人和"。一个天才的想法如果超越时代，则很可能因为当时人们的不理解而迎来悲惨的结局。

1991年，为了纪念巴贝奇200周年诞辰，伦敦科学博物馆决定照着图纸复原出差分机2号，同时为他正名。他们发现，这项任务即使放在当代也不易完成。在经过反复调试后，2002年，这座巨大的手摇智能机械计算机终于展现在公众面前。那精美的齿轮结构，仿佛又把人带回到19世纪的维多利亚时代，它正在向人们诉说着工业革命的荣光。

图 2-23　伦敦科学博物馆根据巴贝奇的设计图复原的差分机 2 号

第 3 章

被践踏的文明

灰飞烟灭的文明殿堂

公元前3世纪，中国大概正处于战国时期，群雄逐鹿，战争不断，比如伊阙之战、华阳之战、长平之战、即墨之战、鄢郢之战等，等到秦王嬴政上台，秦国终于灭了六国，一统天下。此时，遥远的埃及在干什么呢？他们没有打仗，而是以举国之力修建一项巨大的工程——亚历山大城图书馆。为什么要建一座图书馆呢？别着急，听笔者慢慢道来。

富足包容国际城

这座图书馆始建于托勒密一世时期（约公元前367年—公元前283年），盛于托勒密二世和三世时期，是世界上最古老的图书馆之一。托勒密一世原来是亚历山大大帝手下的一个将军。亚历山大是马其顿国王，他才智过人，英明神武，在位期间先统一了希腊全境，然后横扫中东，继而又"兵不血刃"地占领埃及全境，接着征服波斯帝国，他的势力一直延伸到了印度河流域。

埃及是亚历山大于公元前332年征服的。征服后，他做出了一个英明的决定——在尼罗河口建亚历山大城。这个港口城市既不受尼罗河每年泛滥的淤泥阻碍，又能方便埃及与希腊联系。亚历山大死后，他的部将托勒密在埃及建立了托勒密王朝，并定都亚历山大城。

图 3-1 油画《亚历山大大帝巴比伦入城仪式》

亚历山大城是当时全埃及唯一个既适合海上贸易又适合内陆贸易的地方，成为世界上最大的市场。这里很自然会吸引各国的商人来做生意。交易的商品琳琅满目，有象牙、珍珠、香料、莎草纸、银器、铜器、玻璃制品和橄榄油等，甚至还能见到来自中国的丝绸。商业的发达为亚历

图 3-2 大英博物馆所藏的带有托勒密一世头像的金币

山大城带来了巨额税收，也为政府修建巨型工程提供了资金支持。

图 3-3　亚历山大大帝雕像

经济发达的地方移民众多。在亚历山大城，除了希腊人和埃及人外，还可以看到犹太人、叙利亚人、色雷斯人，甚至印度人。有时一份商务文书上就会涉及七八个不同国家的人。各个民族、各种文化、各种语言都在这里汇聚，亚历山大城是名副其实的国际化都市。

"以文化之"固统治

要管好这么一个多元文化的大都市并不是一件简单的事，托勒密王朝的统治者也在考虑怎么在这种情况下巩固他们的统治。他们的方法就是"统一文化"。他们将希腊语定为官方语言，统一币制，在民众中推行希腊式的教育，学习希腊的经典著作。这段时期也被历史学家称为埃及的"希腊化时期"。所以，不难理解人们为方便查阅希腊语书籍而需要在亚历山大城建造一座图书馆了。

事实上，托勒密一世决定建图书馆还有一份自己的私心。亚历山大死后，他手下的将领各自为政，成立了多个王国。每个统治者都想在军事、经济和文化方面压倒其他人，他们都在自己的首都建立了学术文化中心。托勒密一世不甘落后，他需要彰显他在文化上的实力。所以大概在公元前280年时，他决定修建亚历山大学宫和图书馆，并要把它们发展成为举世闻名的学术中心。亚历山大学宫其实就是现在的学术科研机构，而图书馆则是学宫的重要学术支撑部门。

图 3-4　根据文献记载绘制的亚历山大城图书馆内景

扩大馆藏有妙招

图书馆建起来了，它的重要任务当然是藏书。托勒密王朝的统治者希望它能藏尽世界图书，于是，国王每年都会派人到埃及、希腊和其他地区收购莎草纸和羊皮书卷。位于雅典和罗得岛的两个当时最大的图书市场他们更是常常光顾，一发现好书就赶紧购买。据说亚里士多德去世后，他的藏书传给了学生狄奥弗拉斯图，狄奥弗拉斯图死后书又留给了他的侄子。托勒密二世得知此消息后，马上花重金买到了这批藏书。

为了扩增馆藏，除单纯购买之外，托勒密二世要求凡是到亚历山大城的人，所带的图书都必须抄出副本收录到图书馆后，才还给本人。

到托勒密三世的时候，这个征集令达到了更加严格的地步，甚至有些不择手段。国王命令凡是进入亚历山大港口的船只，必须把船上的书都交给图书馆，由图书馆决定是否将书留下，如要留下则付给原主人一定的金钱补偿。如果不主动上交，一经发现，就把书没收或是强制收购。为了增加藏书，托勒密三世还干过一件"偷梁换柱"的事。据传希腊三大悲剧作家埃斯库罗斯、索福克勒斯和欧里庇得斯的珍贵手稿都珍藏在雅典，从不外借。托勒密三世以大量白银（大概 340 千克）作为抵押，从雅典总督那里借来了这些书。等图书馆把这些书抄完后，他就把抄本还给雅典总督，而留下了原件，当然那些钱他也不要了，留给"哑巴吃黄连"的雅典总督当罚金了。

看来托勒密王朝的国王都是爱书之人，除了这些不太光彩的手段外，他们也苦练翻译内功。前面说过，亚历山大城是一座多元文化的城市，市面上会见到来自各个国家的书，除去埃及的经典著作和地中海沿岸各国的作品，图书馆还翻译关于波斯祆教和印度佛教的典籍。另外，由于犹太移民数量激增，他们把希伯来文的《圣经·旧约》也译成了希腊文。

使用了上述手段后，亚历山大城图书馆的藏书量迅速增加。在建馆初期就达到了20万册，后来达到50万册，也有史学家认为是70万册。虽然具体数目不确定，但是有一点可以肯定，这是当时世界上第一个也是藏书最多的综合性图书馆。

以馆为巢引贤才

富裕的城市，宽松、便利的学术环境自然吸引了很多人才来到亚历山大城。这一点从图书馆的历任馆长名单就能看出来。

图 3-5　埃及亚历山大城港口

图书馆第一任馆长德米特里乌斯是政治家、演说家，在历史、修辞、文学批评方面都颇有造诣；第二任馆长芝诺德图斯是一位杰出的语言学家，他校订了《荷马史诗》，并开了《荷马史诗》研究之先河；第五任馆长阿里斯托芬是个语法学家和文献学家，他继续校订了荷马的著作，还编撰了希腊辞典。曾被托勒密三世指定为馆长的埃拉托色尼就更牛了。他是希腊数学家、地理学家、历史学家、诗人和天文学家，也是第一个测算出地球周长的人，发明了地球的经纬度系统，计算出地球的直径，测量了日地间距，并且还发明了简单检定素数的算法——"埃拉托色尼筛法"。

图3-6　阿基米德像

还有大名如雷贯耳的阿基米德、欧几里得、阿里斯塔克、喜帕恰斯等，也都是亚历山大城的著名学者。

其焰烈烈俱成灰

中国有个成语"盛极必衰"，用以形容亚历山大城图书馆的结局再合适不过了。它历经几次战火而被彻底烧毁。

第一场大火发生于公元前48年。当时罗马的将军恺撒在法萨罗战役一路追杀他的敌人庞培来到了亚历山大城。他当时处于劣势，没有足够的战船，淡水供应也被敌人切断，处于失败边缘。

于是，他横下心，下令对庞培的军队进行火攻，把庞培在海里和停在船坞的船统统烧掉。很快，大火不光烧掉了庞培的船，借着风势，还蔓延到海岸上。图书馆也跟着遭殃了，有人认为，当时70万卷藏书被这场大火一下烧了40万卷。

第二场大火发生于391年。当时的罗马皇帝狄奥多西一世将基督教定为国教，他迫害异教徒，发动了宗教战争。他下令拆毁亚历山大城所有异教的宗教设施。在这场劫难中，亚历山大城图书馆剩下的图书或被抢劫或被焚毁。一座人类文明的殿堂就这样消失在熊熊火光之中。

图 3-7　亚历山大城图书馆被罗马军队烧毁的艺术想象图

2005年，考古人员在亚历山大近郊发现了亚历山大城图书馆的遗迹，遗址中出现了13座教室，可以同时容纳5000人。由此，我们不难想象它当年的盛景。

万千古卷付水流

8世纪，世界总人口刚刚超过2亿，正处于唐代的中国有6000万人左右，而阿拉伯帝国约有3400万人。下面我们要讲的就是发生在阿拉伯帝国的故事。

夺王位建新都

8世纪前半段，阿拉伯帝国处于倭马亚王朝统治之下。这是一个能征善战的王朝，在8世纪中叶的时候，它的版图已经扩张到西临大西洋沿岸，东至印度河和中国西部边境，北达法国南部，南至阿拉伯海。然而也许是精力都放在开疆辟土上而忽略了国内的形势，747年，阿拔斯·萨法赫利用波斯民众造反之机，又联合什叶派穆斯林，花了三年时间终于在750年推翻了倭马亚王朝，建立了阿拔斯王朝，他自己则成了王朝的首任哈里发。

萨法赫死后，他的弟弟阿卜·加法尔·曼苏尔作为第二任哈里发决定为阿拔斯王朝建立新都。在咨询了设计师和占星师的意见后，新都城于762年7月30日开工。曼苏尔对新都期望很高，将它称为"马蒂那特·沙拉姆"，阿拉伯语就是"和平之城"的意思。而它更加世俗化的名字就是我们很熟悉的"巴格达"。因为曼苏尔喜欢圆形，当然也是出于安全原因，当时巴格达城外有一圈圆形的城墙，所以巴格达也被称为"团城"。曼苏尔的皇宫——"金宫"

就建在城中心。"金宫"周围则是当时皇亲贵胄的居所。

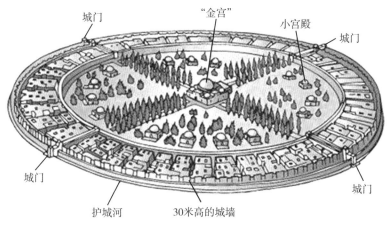

图 3-8　根据文献复原的团城图纸

多元化引群贤

　　曼苏尔是一个很有谋略的君主，在他的治理下，巴格达建筑宏伟，商贸繁忙，阿拉伯人、波斯人、犹太人等都在这里定居工作，各种语言、各种文化也都在这里汇聚，所以巴格达很快就发展为与当时的长安（今西安）和君士坦丁堡（今伊斯坦布尔）齐名的国际性大都市。读到这里，大家是不是有点眼熟？这和我们之前讲过的亚历山大城的情况是不是很相似？确实很相似。所以巴格达像亚历山大城一样，出现一个包含了丰富藏书的图书馆的高端学术机构也就顺理成章了。而且比起同时代的君士坦丁堡，巴格达对人才的吸引力很可能更大。因为君士坦丁堡强制推行正统的基督教信仰，而阿拔斯王朝的宗教政策则相对宽松，不要求"圣书的子民"（通常是犹太人和不被君士坦丁堡承认的基督教徒，当然也包括其他教派的人）皈依伊斯兰教，所以巴格达为这些人提供了一个非常友好的避难所，从而吸引了众多宗教徒中的知识精英。

有钱、有人、有文化，还有前辈打下的良好基础，到第七任哈里发马蒙统治的时候，成立一个国家级高端学术机构的时机成熟了。大概在 830 年，马蒙整合了前任哈里发曼苏尔和哈伦·拉希德所设的宫廷翻译研究机构及皇家图书馆，在此基础上创建了智慧宫，这是阿拉伯第一所国家级的综合性学术机构及高等教育学府。

马蒙是一个很开明的君主，他唯才是用，而不是很在意对方的宗教背景。这一点从他对智慧宫领导的任命上可以看出来。著名的基督教医学家和翻译家叶海亚·伊本·马赛维是第一任馆长。信仰景教的侯奈因·伊本·易司哈格是著名的翻译家和学者，被任命为翻译局局长。著名的穆斯林数学家和天文学家花剌子密被任命为图书馆馆长和天文台台长。他是"代数之父"，其《代数学》则是第一本解决一次方程及一元二次方程的系统著作；同时由于他的努力，印度的数字传入欧洲，欧洲人接触到了十进制并误以为这是阿拉伯人的发明，所以才有了我们今天所说的"阿拉伯数字"。

智慧宫丰馆藏

马蒙像托勒密王朝的皇帝们一样，对知识和书籍是"求之若渴"。他派人在拜占庭、波斯、印度等地大力搜索各种典籍。

这种做法对人类文明的发展意义重大。尤其是当时记载了古希腊众多哲人智慧的典籍正处于即将消失的境地，这在很大程度上要归因于那几场烧毁了亚历山大城图书馆的大火。而马蒙从各地搜集了上百种古希腊哲学和科学著作的原本、手抄本，并加以整理，尤为可贵的是，他聘请的学者们还仔细校勘经过多次转译的原著，努力恢复它们本来的面目。亚里士多德、柏拉图、希波克拉底、盖伦、欧几里得、托勒密等希腊著名哲学家、医学家、数学家、天文学家的 100 多部著作就是这样保留下来的。后来在 12 世纪的时候，这些古希腊的典籍又被转译成拉丁文，传回了欧洲，引发了著名的文艺复兴运动。

链接

文艺复兴运动

文艺复兴是一场发生在 14 世纪到 16 世纪的欧洲，反映新兴资产阶级要求的思想文化运动。它以"复兴"古希腊、古罗马思想为旗帜，最先在意大利各城市兴起，以后扩展到西欧各国，于 16 世纪达到顶峰，带来一段科学与艺术革命时期，拉开了近代欧洲历史的序幕，被认为是中古时代和近代的分界，也是西欧近代三大思想解放运动之一。文艺复兴运动促进了人文主义思想的发展，强调人的体验与价值，将人从宗教的束缚下解放出来，西欧社会自此完成了从"神"到"人"的转变。

此外，智慧宫还收藏有从波斯语、印度梵语、奈伯特语、古叙利亚语和希伯来语翻译过来的上百部关于历史、语言、文学、医学、天文学、数学、农业、园艺、艺术等方面的书。

翻译任务这么重，对质量要求这么高，对学者和翻译家的报酬可不能少。马蒙在这方面是非常大方的。他付给译者与译稿质量相等的黄金作为报酬，并由此拉开了阿拉伯历史上著名的"百年翻译运动"的帷幕。

除了翻译和做研究，智慧宫还经常召开学术交流会议，各个领域和各种宗教背景的学者可以在会上畅所欲言，马蒙还曾经以

图 3-9　学者们在智慧宫中带着学生开展教学讨论

学者的身份参会，在会上与别人讨论自己的学术观点。

马蒙尊崇学术的传统也被后来的哈里发延续了下来。马蒙去世后，阿拔斯王朝的政权开始腐化，国势日衰，国家分裂。1065—1067 年，塞尔柱王朝宰相尼扎姆·穆勒克在巴格达创建尼采米亚大学，它可比欧洲的第一所大学（意大利的博洛尼亚大学）的出现要早得多。智慧宫后来被并入了这所大学，统一管理。

惜弃书墨染江

13 世纪初，蒙古崛起。1252 年成吉思汗之孙——旭烈兀带领部队一路向西。1258 年 2 月 10 日，他们攻占阿拉伯帝国的首都巴格达。据传，智慧宫里的大量书籍被丢弃在底格里斯河中，河水都被书上的墨水染黑了。辉煌的阿拔斯王朝就此灭亡。

在军队的铁蹄下，文明总是那么不堪一击。

第 4 章

错误的意义

那是水，那是气，那是说不上来的东西

古希腊是现代科学的发源地。原因有很多，可能是它半岛地理的多样性导致了文化多样性；也可能是它城邦制的民主制度让自由民有自由和时间去辩论，并在大庭广众之下演讲，传播自己的思想。总而言之，在这样的背景下，有一批人开始思考对身边事物的看法。古希腊人热衷于讨论正义和法律，也热衷于讨论宇宙和人生。辩论无处不在，古希腊人由此发展出带有批判性和非功利性的理性思维传统，成为科学发展的重要驱动力。

古希腊人对世界本原的探索，始于公元前 6 世纪的米利都学派。米利都是古希腊的一个港口城邦。米利都学派出了三位非常

图 4-1　思考、辩论的古希腊人

有名的哲学家。它的创始人叫泰勒斯，他是第一个提出"世界的本原是什么"的哲学家，且在经过观察和思考后，给出了自己的答案——水。由于泰勒斯没有著作传世，我们只能从后世学者的描述中找到他对这个问题的思考碎片。根据亚里士多德的描述，泰勒斯大概是通过日常观察得知"如一切种子皆滋生于润湿，一切事物皆营养于润湿，而水实为润湿之源"。他也可能是看到了"如由湿生热，更由湿来保持热度的现象"。今天我们看泰勒斯的论断，不会觉得有什么特殊之处，他只是观察到一些现象后得出了一个经不起推敲的结论而已。但在当时，这可是一个了不得的举动。在他之前，古希腊人是用神和神话来解释自然现象和万物起源的，泰勒斯是第一个不用超自然力量去解释自然的人。并且，由于他所说的"水"不是江河湖海，而是一种抽象的水，所以这是他建立在经验观察基础上的理性推论，也为古希腊理性思维传统的形

图 4-2　泰勒斯雕像

成奠定了很好的基础。

泰勒斯的学生阿那克西曼德在老师研究成果的基础上做了进一步思考，他认为世界的本原是"不定"或"无限"的。因为，如果本原是水，那火是从哪里来的呢？万物又是怎么从本原中产生的呢？由此，阿那克西曼德认为，世界的本原是一种没有任何形状也没有具体性质的东西，它不同于世界万物，也没有分化，这就是他所说的"不定"。"不定"会在运动中分裂出冷和热，从而产生万物。"不定"就是种子，万物就像树一样从种子里长出来，它们在消灭后又要回到"不定"中去，这是由命运规定的。他的理论是对泰勒斯的修正，指出本原会产生对立的两种力量（冷和热），而万物都是通过对立力量分裂出来的，他还第一次提出了"必然性"的思想，也就是"命运"。

图4-3 制于3世纪早期的阿那克西曼德像

"不定"看不见，摸不着，阿那克西曼德的学生阿那克西美尼觉得"不定"是一种很难理解的东西，所以他修改了老师的看法。他认为世界的本原是"气"。气聚在一起成为水，水凝而为冰，水散而为气，世间万物都是气凝结和消散而形成的。他还认为灵魂也是气。他其实是用一个理论回答了万物本原是什么和万物如何从本原产生这两个问题。

图 4-4　阿那克西美尼

　　我们现在看来，米利都学派的三位哲学家对世界本原的思考只能算是一次朴素唯物主义的尝试，且很容易被驳倒。它可能是我们在蹚过科学这条河时，摸过的最不起眼的小石头。但是，用著名科学史家劳埃德的话来说，他们发现了自然，认识到自然现象是受因果链条支配的，而不是超自然力作用的结果；他们还把社会领域的批判精神引入人对自然的认识，从而为希腊科学和哲学奠定了理性批判主义的传统。三位哲学家都是在批判之前观点的基础上建立自己的理论，并且对"世界本原"问题的思考是逐渐深入、层层推进的，并不是简单的重复。所以，这颗小石头看似普通，但是它身上闪耀着微弱的理性之光，这光芒指引后来者向着彼岸前行。

变还是不变？四个还是一个？

米利都学派对世界本原的思考，显然没有终结这个问题，反而带来了更多问题，于是，后面的古希腊哲学家在这个"牛角尖"里越钻越深。

变化的世界是团火

比如爱奥尼亚的赫拉克利特认为，"火"是世界的本原："这个有秩序的宇宙对万物都是相同的，它既不是神也不是人所创造

图4-5 世界是一团永恒的活火

的，它过去、现在和将来永远是一团永恒的活火，按一定尺度燃烧，一定尺度熄灭。"

除了本原问题，赫拉克利特还有关于运动的描述。他有一句名言，"人不能两次踏进同一条河流"。他主张"万物皆变"，一切都在流动，都在不断变化，不断产生和消失，所以一切都存在，同时又不存在。

不变的世界有个"一"

有人主张变，那自然会有人主张不变。他就是在公元前 5 世纪上半叶很受瞩目的哲学家巴门尼德。他彻底否定感官经验的可靠性。因为每个人的感觉是不一样的，你觉得好吃的东西在别人看来，可能闻着味都觉得难以接受，所以靠感觉来评判事物是非常不可靠的，这种评判是会随时变化的。因此，他提出了一种叫"是者"的东西。"是者"是世界的"本体"，是"不变的'一'"，虽然不能被感官察觉，但是可以被理性认识。通俗点说，"是者"就像我们平时说的"概念"，是经过我们大脑理性分析得到的，它虽然不能被感官觉察，但也是客观存在的。"是者"的提出对科学发展是很重要的。因为，科学家所做的事，不正是要找出纷繁的自然现象后面的那个"不变的'一'"吗？

这两人说得都有道理，世界是不断变化的，但是现象背后也确实存在一些不变的东西。怎么调和这个矛盾呢？于是古希腊的先哲们开启了"自虐模式"努力地解决这个问题。

水、土、气、火成万物

意大利西西里岛名门望族出身的恩培多克勒的解决方式是"四元素说"（尽管他当时并没有使用"元素"这个词）。

大约出生于公元前 495 年的恩培多克勒的一生颇具传奇色彩。他在民众中威望很高，曾经引导人民推翻了阿克拉噶斯的残暴统治，后又拒绝了大家推他为王的提议，转而专注于哲学研究。

他提出的"四元素说"一方面承认"是者"的存在，另一方

图 4-6　2013 年希腊发行的一套 4 种《自然元素》邮票

面又认为"是者"不是唯一的。他觉得有四种"元素"是永恒存在的，即"水""土""气""火"。这些基本物质在"爱恋"与"斗争"这两种相互排斥的力量的作用下结合或者分离。世间万物都是四种元素在"相爱相杀"的过程中按照不同比例合成的。这样，恩培多克勒打破了"变"与"不变"之间的壁垒，还用元素和比例的方式阐述了物质是如何构成的问题。这种说法后来被柏拉图和亚里士多德所采用，并在其后两千多年被奉为不容置疑的经典。

小小原子构永恒

除了"四元素说"，有人提出了另一套解决方案，来调和变与不变的矛盾。这就是"原子论"。提出"原子论"的人叫留基伯。他认为原子是不生、不灭、不变、永恒而不可分的小微粒，存在于虚空之中，它们的大小、形状、质量等都不同，做着无休止的随机运动，原子之间碰撞会造成结合或者分离，而原子形状上的差异使得它们可以结合在一起，这有点像拼图。

后来留基伯的学生德谟克利特在老师的基础上给原子描述了更多属性。他认为不同形状的原子有不同味道，又细又尖的原子组成的物质是酸的，而圆形的原子构成的物质是甜的。原子的排列方式不同会造成物质的不同颜色。

这样的"原子论"很接近我们现代科学对原子的认识，因而被现代人抬到了很高的地位。但是，无论是在古代还是中世纪或者近代，它都遭到了哲学家们的反驳。比如亚里士多德就是它的坚定反对者。归根结底，古希腊的"原子论"并不是建立在对原

图 4-7　道尔顿像

子的实际观测基础上的，它也来源于理性思考，所以它只是古希腊哲学家解释物质世界构成的理论之一，在当时看来也并不比其他的理论更有说服力。相反，"四元素说"更符合当时人们的认知高度，更能解释当时人们所见到的自然现象，由此形成的理论体系也更完整。因此，获得大家更多的认同。

也许你会问："假如'原子论'一经提出就被采纳，那是不是科学的发展进程会被大大推进呢？"历史是不能假设的。从历史发展的路径看，古希腊"原子论"可视为近代物质思想的主要起点。后世道尔顿和阿伏伽德罗逐步发展和完善的原子—分子理论即是对古希腊"原子论"哲学思想的科学实践。

烈焰黄金敲开化学之门

历史上"炼金术"的出现跟"发财"没有关系。炼金术的起源可以追溯到古埃及，据学者考证，应该是在公元前 5 世纪之前。

古埃及的金火永生路

古埃及人相信转化、再生和不朽，这点从他们的神话中就能看出来。比如，下面这个关于天空与大地之子——奥西里斯的神话。奥西里斯被他的兄弟塞特杀害，并被切成多块，奥西里斯的妻子伊希斯把尸块收集了起来，又拼成了他的身体。他后来在火中复活，获得永生。在这个神话中，火扮演了"凝聚者"的角色，它让奥西里斯被分割的身体以全新的形式聚集在一起，并且得到不朽与永生。

在埃及神话中，不光神会复活，人也会。我们通过古埃及《亡灵书》可知，古埃及人相信死后亡灵会进入冥界。

在这样的信仰体系中，我们不难理解古埃及人对黄金的偏爱了，因为他们认为黄金会给生命带来不朽的力量，如果掌握了炼金术就相当于掌握了从转化到再生再到不朽的过程。在炼金的过程中，埃及智慧之神透特扮演了重要角色。传说它曾给太阳神

图 4-8　古埃及太阳神拉

拉送去了"光明之石",也就是后来炼金术士们提到的"哲人石",这种神奇的物质可以把贱金属变成黄金。有学者认为古埃及人的"哲人石"可能和汞有关,因为他们用汞把金银从矿石中分离出来。

被希腊化的埃及炼金术

公元前 332 年,亚历山大大帝征服埃及,埃及进入了希腊化时代(公元前 332 年—公元前 30 年)。希腊人称智慧之神透特为赫耳墨斯·特里斯墨吉斯忒斯。他也是炼金术士的守护神。历史上还出现了由他署名的炼金术著作,即成书于 1 世纪到 4 世纪之间的《赫耳墨斯学说》。

这本书告诉读者怎么通过开化自己的心灵,使得自己能领会更多神的旨意,最终与神一起达到不朽。它强调物质是由四种元素组成的,即水、火、土、气,它们"本是同根生",都来自神。这和希腊哲学家恩培多克勒的理论很像。炼金术士们认为这些元素结合形成万物,而万物分解,宇宙又会得到更新。万物之间遵循一定的法则通过"精气"对应相通,例如人的灵魂就和太阳及黄金相对应,炼金术士在习得这些法则后能操纵"精气",对物质施加影响,从而加速达到不朽的过程。至于为什么要把贱金属变成黄金,除了黄金和太阳神的密切关系外,也受到了亚里士多德思想的影响。亚里士多德认为自然中每个事物的终极目标是获得完美,而且它们是活的,一直处于变化之中。对贱金属而言,黄金就是最完美的状态,所以炼金术士会在熔炉中用火改变它们的形态,帮助它们加速提升到黄金这一完美形态。

图 4-9　智慧之神透特

　　所以，这本书里蕴含了宗教和哲学思想，炼金仅仅是手段而不是目的，其目的是帮助纯化灵魂，接近神识，获得永生。

求金不得得化学

　　古埃及人关于金属的化学知识相当丰富，这为他们产生炼金术这样比较精细的技术奠定了基础。公元前 4000 年，古埃及人就掌握了从铜矿中提取金属铜的技术。公元前 2000 年，古埃及人的生活中已经出现了大量青铜器。此外他们还利用锡矿石、铜矿石和炭粉一起加热制作铜合金。古埃及的金匠技艺高超，在法老图

坦卡蒙的陵墓中发现的黄金面具，就足以说明这一点。

目前所见最早的关于炼金术配方的文献是以希腊语完成的，是大约成书于 300 年的莱顿莎草书。里面记载了 101 个配方，其中有 90 个是关于如何改变金属原来颜色使其呈现出金色或银色的。

埃及人尽管没有变出真正的黄金，但是变出了颜色像金子的合金。642 年，阿拉伯帝国的军队进占埃及。阿拉伯人很快就发现了大量用希腊文写成的关于自然、数学和炼金术的著作，并把它们翻译成阿拉伯文，从此阿拉伯人在吸收古埃及人成果的基础上，发展出了自己的炼金术，并将此项技术传向欧洲。

接下来的事我们都知道了：炼金术士在向不可能完成的任务前进的过程中，逐渐孕育出近代化学的萌芽，为后世带来了翻天

图 4-10 法老图坦卡蒙的陵墓中发现的黄金面具

覆地的变化。因此，发生在古埃及的"遗憾"故事，并没有完成非科学的目标，却在无意中收获了科学的果实，历史就是这样在不经意间给人惊喜。

离现代进化论只有一步之遥的拉马克

现在一提起进化论，几乎所有人都会张嘴说出达尔文的名字。其实，在达尔文之前，有一个人已经提出了生物进化的观点，并且注意到环境对生物进化会产生重要影响，他就是法国生物学家拉马克。

图 4-11　拉马克像

家贫参军再转行

拉马克的全名是让-巴蒂斯特·拉马克，1744 年 8 月 1 日出生于法国皮卡第大区索姆省的巴藏丹市。他生在一个家道中落的贵族家庭，是家里的第十一个孩子。幼年时，他进入了亚眠市的教会学校学习。

1760 年，拉马克的父亲去世，作为家族中的男性成员，他延续了家族传统——入伍参军，于 1761 年至 1768 年在军队服役。在部队时，由于他在战场上表现英勇，很快就晋级为上尉，并被任命为营地的指挥官。后来在一次意外中，他的脖子受伤，休养了一年时间。鉴于他的身体状况，上级将他调到了没有战争压力的摩纳哥。

工作变动后，收入锐减，拉马克考虑转行。他在读了 4 年医学后，发现植物学才是自己的真爱，于是他在 1768 年拜法国著名博物学家贝尔纳德·德·朱西厄为师，花 10 年时间学习研究法国植物。

深入研究提新论

1778 年，拉马克的努力有了回报。在博物学家布丰的帮助下，他的《法国植物志》（三卷）由政府资助出版。此书开创了"二段索引"法对法国植物进行分类，用这种方法查找迅速，也让读者使用起来非常简便。布丰还帮拉马克取得了法兰西科学院的会员资格，并使其能以皇家植物学家的身份游历欧洲的植物园和博物馆。

1788 年，拉马克获得了一份"皇家花园"（也就是后来的"植物园"）管理员的工作。1793 年，在他及另外一些研究人员的提议下，植物园被改建为国立自然博物馆，他在无脊椎部任部门主任和教授一职。此时他的年薪已经涨到了 2500 法郎，这比他当初在摩纳哥的 400 法郎年薪要高多了。

经济上的宽裕让拉马克把更多精力投入研究。1801 年，他出版了《无脊椎动物的分类》一书。在这本书中，他为无脊椎动物的一些自然类群给出了明确定义，把棘皮类动物、蛛形纲动物、甲壳纲动物和环节动物从原来的蠕虫类中细分出来。1802 年，他出版了《水文地质学》一书，首次提出"生物学"这个术语。同年他还出版了《生物体结构研究》。1809 年，他对后世影响最大的书《动物学哲学》出版。在这本书中，他明确提出了"用进废退"和"获得性遗传"的进化论观点。概括而言就是：

第一，生物所处的环境使它们产生某种"需要"。

第二，这种需要的不断满足就产生一种习性，使得一些器官不断增大、增强，或产生一些新的初级器官。

第三，由于继续不断使

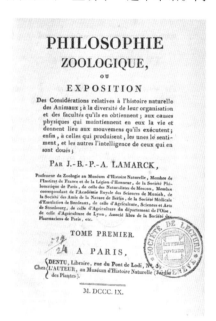

图 4-12　1809 年出版的《动物学哲学》首页

用这些新器官，它们的外形增大，功能更加完善，而那些不用的器官就会退化，甚至消失。

第四，这些因环境因素改变而获得的变化，能够遗传给下一代。

他曾经举过一个著名的例子，长颈鹿因为要吃到高处的树叶，所以让自己的脖子越来越长，前肢还高于后肢。

这两个理论是拉马克深耕动植物领域几十年的成果，尤其得益于他在国立自然博物馆无脊椎部所做的大量化石研究。其理论意义还在于他明确反对生物"神创论"，强调了外界环境对生物体

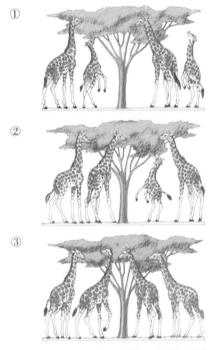

图 4-13　拉马克用长颈鹿举例说明"用进废退"理论

的作用，是环境的多样性造就了生物多样性。拉马克还认为，物种的界限是可以被打破的，它们之间只是保持相对的稳定。

后世学界有争议

拉马克的研究对后来达尔文提出"自然选择"产生了重大影响，达尔文在其《物种起源》中也多次引用拉马克的观点。那么，为什么现在我们接受了达尔文的学说，而否定了拉马克的理论呢？原因在于，拉马克看到了外部环境对生物进化的影响，但是对二者关系却做出了错误的推断。他认为生物会随着环境的变化而主动改变自己的器官，或产生新的器官，或退化无用器官，久而久之，这种改变就会遗传给自己的后代。而达尔文的观点则是进化是由环境导致的，而不是生物主动适应的。环境淘汰了不适应变化的生物，留下的生物都能够适应环境。

因此，用达尔文的"自然选择"理论对长颈鹿脖子越来越长的解释就是：长颈鹿的祖先有的脖子长，有的脖子短。脖子长的能吃到更高处的树叶，它们的生存概率就大，而脖子短的很容易饿死。经过长期的自然淘汰，我们看到留下来的就都是长脖子的长颈鹿了。

对拉马克的"获得性遗传"理论最著名的驳斥大概是德国动物学家魏斯曼所做的老鼠尾巴实验了。他找来雌雄老鼠，切断了它们的尾巴，看它们是否会生出没有尾巴的后代。结果，他连续切断了22代老鼠的尾巴，它们生出的每一代小鼠又都带着尾巴。由此推断，老鼠断尾这一外力造成的变化，并没有遗传给后代。

图 4-14　吃树叶的长颈鹿

魏斯曼于 1883 年提出的"种质论"可以解释这个现象。他认为生物体由"种质"和"体质"组成。种质和生命的遗传及种族延续有关，是独立的，连续的，永恒的；而体质可以通过生长和发育形成新个体的各个组织和器官，但它不能产生种质，个体死亡后它就会消失。所以，外界环境的变化仅仅能对体质产生影响，而不会改变种质。后来的学者在魏斯曼的基础上，对遗传物质进行了深入研究，发现了染色体、DNA 和基因。

　　拉马克与现代进化论的提出仅仅只有一步之遥，他已经认识到"神创论"的错误，如果他像达尔文一样，也有一次环球航行机会；如果他像达尔文一样，将地质学研究的理论与实地考察紧密结合；如果他像达尔文一样，在考虑物种与环境关系时，步子迈得更大一点……很可惜历史是没有如果的，但是这都无损拉马克在生物学上先行者的地位，是他的精准传球才造就了达尔文的射门得分。

第 5 章

凶险的自然与社会

明知山有火，偏向火山行

传言古希腊哲学家恩培多克勒为了让自己的预言成真，跳进了埃特纳火山，古罗马的博物学家老普林尼则是另一个献身于火山的人。

出身富贵，求学罗马

老普林尼的全名是盖乌斯·普林尼·塞孔都斯。为什么他的名字前要加一个"老"字呢？这是为了和他的外甥，古罗马著名的作家小普林尼区分开。

图 5-1　老普林尼像

我们并没有多少历史资料可以描述老普林尼完整的生平，但是通过其著作《博物志》及他与外甥小普林尼的通信，我们可以大致知道他生命中几个重要的时间节点。23 年（或24 年），老普林尼出生在意大利北边的科莫镇。他的家庭处于当时罗马社会的骑士阶层，家里比较富有。

老普林尼大概在 12 岁的

时候来到罗马求学，学习修辞、演讲、法律，并接受了军事方面的训练。据《博物志》记载，他可能还去过罗马宫廷玩耍。37 年，罗马杰出的政治家波姆波尼乌斯·塞孔都斯成了老普林尼的老师和监护人。波姆波尼乌斯的一生也比较有意思，他历经提比略、卡利古拉和克劳狄斯三位罗马帝国皇帝时期，入过监狱，当过执政官和日耳曼尼亚的将军，还是个诗人。有这样一位经历丰富的老师，老普林尼会成为一个兴趣广泛的博物学者也就不奇怪了。

辞职写书，再被重用

47—57 年，老普林尼参军，在日耳曼尼亚任骑兵军官。在这里他结识了后来的罗马皇帝提图斯，他们关系匪浅，老普林尼后来写《博物志》时，特别提出要将本书献给提图斯陛下。

59 年，他回到罗马，从此时一直到 69 年，他以律师为业，游历、读书和著述。这段时间刚好和罗马著名暴君尼禄的在位时间（54—68 年）重合。

老普林尼是一个非常好学又勤奋的人。这一点在小普林尼的信件中就有生动的描述。小普林尼说他把所有业余时间都用来看书、观察和学习，即使在因公出差的时候，也会命令伴读的奴隶拿着书和写字的小板子跟在身旁，连吃饭的时间也不浪费。他会一边听奴隶读，一边做摘要。老普林尼去世后，小普林尼在整理遗物时，发现舅舅的全部手稿和摘录材料居然有 160 卷之多。

老普林尼在军队的时候就开始写书。当兵期间，他写了《关于如何从马背上投掷标枪》（1 卷）、《波姆波尼乌斯·塞孔都斯的生平》（2卷）和《日耳曼战争史》（20卷）；在尼禄当政时，他又写了《演说术》（3卷）、《费解的辞》（8卷）和《续阿乌菲迪乌斯·巴苏斯所著历史》（31卷）。

68年6月9日，对老普林尼来讲，肯定是意义重大的一天。由于军队起义，尼禄自感逃生无望，自杀身亡。尼禄死后，新皇韦斯巴芗即位。老普林尼重获重用，69—79年，他历任罗马在西班牙、高卢、北非等地的财政督察官，在此期间还担任了以卡佩尼亚的米塞姆港为基地的海军舰队司令，负责清剿海盗。

千古留名的博物志

77年，《博物志》一书完成，不过，直到老普林尼去世后该书才由小普林尼整理出版。老普林尼一生写了7部书，除《博物志》外，前面我们提到的6部均仅余片段。《博物志》是一部类似百科全书的著作，有37卷，共35000个条目。第一卷是概述和纲要；第二卷讨论宇宙的结构；第三卷至第六卷讨论区域地理学；第七卷主题是人的繁衍、生命和死亡；第八卷至第十一卷为动物学；第十二卷至第十九卷为植物学；第二十卷至第三十二卷为药物学；第三十三卷至第三十七卷讨论矿物学。其实，这样一部鸿篇巨制的绝大多数内容并不是老普林尼原创的。在给提图斯皇帝的献词中他诚实地写道："在我的作品中，有两万个条目抄自过去作家的作品，其中大多数是希腊的。"他承认自己参考了100个作者的2000本著作，不过根据后来学者的研究，其实他的"参考文献"远远不止这些，被他借鉴的作者达到了473位（其中包括

146 位罗马作家和 327 位希腊作家）之多。

正因为《博物志》里记载的大部分物体和事件并非老普林尼亲身经历，所以其真实性就大打折扣了。后人也从中发现了很多明显的错误。比如他在书中描述了非洲的一个部落，那里的人没有头，嘴巴和眼睛都长在胸部；中国的丝是一种树结出的绒，人们把它采摘后漂洗、晾晒制成丝；治胃病最好的方法是吃煮过后

图 5-2　《博物志》（企鹅图书版封面）

再火烤而又整个放入酒或鱼油中的蜗牛；用鼠粪擦腹部对治疗肾结石十分有效。

《博物志》对于我们研究当时的社会文化以及某些思想的发端起到一定参考作用。比如书中的植物学部分，老普林尼大量引用了古希腊哲学家、亚里士多德的学生狄奥弗拉斯图的著作《植物问考》和《植物研究》。在老普林尼死后 200 年，狄奥弗拉斯图的著作就散失无踪了。《博物志》中的植物学部分在相当长的时间里就成为能让人们看到狄奥弗拉斯图著作的唯一文献资料。直到 15 世纪狄奥弗拉斯图的著作手稿重新被发现，它的保存使命才算完成。

探奇维苏威，命丧庞贝城

如果不是 79 年的那次意外，勤奋的老普林尼也许还会为后世写出更多有影响力的著作。然而命运就是这样，处处充满未知。这一年的 8 月 24 日，位于庞贝城附近的维苏威火山爆发，火山灰在几天内将整座庞贝城掩埋。

当时，老普林尼的舰队停泊在那不勒斯湾彼岸的米西纳姆镇，那儿离庞贝城约 20 千米。小普林尼和他母亲也随着老普林尼住在这个镇上。8 月 24 日中午，小普林尼的母亲突然看到天边升起了巨大的蘑菇云，于是她马上喊弟弟老普林尼过来看："发生了什么事？天上云彩很奇怪。"老普林尼立刻去高处察看，此时天空也变得灰蒙蒙的，忽明忽暗。这种异象激发了他强烈的好奇心，他立刻决定率领船队去庞贝一探究竟，但是随着天空和大海的情况越来越诡异,想到维苏威火山附近还住着多位老友,老普林尼果断决定把这次探奇之行变成救援之旅。

他到达了一位老友家——距离庞贝5千米的斯塔比亚。他的船队在那里待了一晚。第二天撤退时,悲剧发生了,火山灰从天而降,带有强烈硫黄味的熔岩喷薄而出,老普林尼被毒气呛倒在海滩上,再也没能站起来。从历史的角度而言,以这种悲剧的方式失去一位著名的博物学者确实是一种遗憾,但是对老普林尼来说却未必如此,他生性好奇,同时又心系他人,如果给他第二次选择的机会,他应该还是会命令船队向着维苏威火山全速前进吧。

图5-3　油画《庞贝古城的最后一天》

普林尼式火山喷发

由于这次事件太过有名，地质学上专门使用一个术语来纪念老普林尼，这就是"普林尼式火山喷发"。这是一种非常强大的火山爆发形式，喷发的时间从一天到数天直至数月不等。它能将火山灰和气体喷发到 45 千米以上的平流层，并覆盖大片区域。此种喷发类型以酸性岩浆为主，流动力小，黏性大，且能形成强大的火山碎屑流。有时喷出的岩浆破坏力巨大，甚至会把火山口都崩塌了。

比普林尼式火山喷发更为厉害的是超级普林尼式，它的规模是普林尼式的 10 倍，喷出的火山灰甚至可以覆盖全球。

以一己之力对抗药厂巨头的女英雄

科学的发展道路是崎岖的，现在科学的成就都是科学家们经过无数次失败才取得的。有时纠正科学的错误，只需要付出时间和金钱，有时却会让科研人员付出生命代价，比这更严重的是，有些错误的纠正是以牺牲众多无辜人的生命为代价的。比如下面我们将要提到的 20 世纪药学史上的一次灾难——"反应停"事件，它造成了很多胎儿畸形，并且有的婴儿一岁之内就夭折了。在这个事件中全球有 46 个国家中招，但美国逃过一劫，这是因为一位女英雄以一己之力对抗药厂巨头，为美国的准妈妈们撑起了有力的保护伞。

抗病毒抗出止吐药

故事的开头要从德国格兰泰制药厂说起。这家公司前身是第二次世界大战后成立的肥皂生产商，他们想生产抗生素以满足

图 5-4　格兰泰制药厂位于德国斯托尔伯格的总部

市场需求。德国军医海因里希·穆克特被任命为药厂研发组长，继续他在军队的抗病毒研究项目。

在一次准备试剂的过程中，穆克特的助手威廉·孔茨分离出了一种副产品，一种类似于苯乙哌啶酮的药物，这是一种镇静剂。在此基础上，他们继续研发，研制出谷氨酸衍生物——沙利度胺。此药按照当时的常规做法，在经过某些啮齿动物的毒性测试后，于 1956 年被定为一种镇静剂。药厂还奖励了穆克特 20 倍年薪。

随后，药厂发现，沙利度胺可以有效抑制孕早期呕吐，1957 年 10 月 1 日，药厂将它以"反应停"的商品名推向市场，并把它包装成治疗失眠、咳嗽、感冒和头痛的"神奇药物"。

此药在欧洲、非洲、拉丁美洲、澳大利亚、加拿大、日本的市场大受好评。它当时的广告语是"孕妇的理想选择"，并在广告文案中说"对孕妇和哺乳期妇女完全安全，对母亲或儿童没有不良影响"。由于它是非处方药，很容易购买，准妈妈们只要想吐了就吃上一粒，真是快捷又方便。

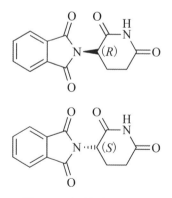

图 5-5　沙利度胺的分子式

女英雄横空出世，阻击"反应停"

当时的科学家不相信孕妇服用的药物可以通过胎盘传递给胎儿，并对他们造成伤害。一切看起来都是这么顺利，1960 年 9 月，"反应停"准备进入美国市场。这款药品遭到了一位医学博士弗朗西斯·奥尔德姆·凯尔西的反对。

图 5-6　弗朗西斯·奥尔德姆·凯尔西博士

凯尔西毕业于芝加哥大学，在 46 岁那年入职美国食品药品监督管理局（FDA，以下简称"食药局"）。她入职后一个月，就接到了"反应停"在美国的代理商梅里尔公司的申请，希望尽快将其入市，这是她接收的第一个审批申请。

当时，每年有几百种药提出入市申请，食药局人少工作量大，在把关方面并不是很严格，一般会很快批准。本以为是走个流程，在 60 天的法律规定期限内可以获批，但是梅里尔公司没想到，凯尔西却跟他们杠上了。

凯尔西曾经在自己所做的药物实验中，观察到药物通过母兔胎盘作用于小兔的情况，所以她对药物不会通过胎盘影响胎儿的主流观点并不认同；1960 年底，已经有医生注意到服用“反应停”会导致末梢神经炎，比如 1960 年 12 月的《英国医学杂志》发表了一封由莱斯利 · 弗洛伦斯博士写的信。信中指出几位病人长期服用“反应停”，出现了手、脚刺痛等末梢神经炎的症状。凯尔西

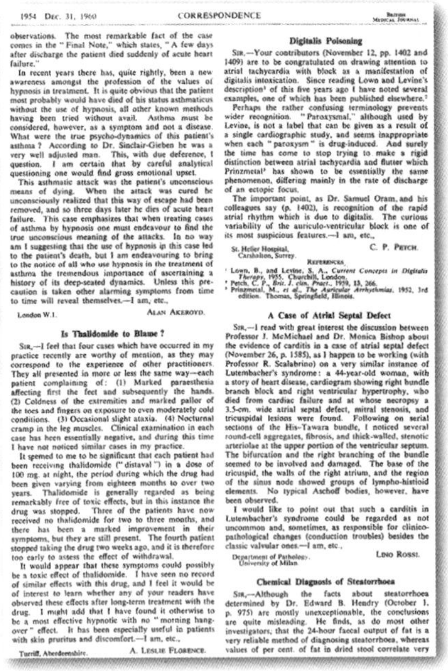
1954 Dec. 31, 1960 CORRESPONDENCE BRITISH MEDICAL JOURNAL

observations. The most remarkable fact of the case comes in the "Final Note," which states, "A few days after discharge the patient died suddenly of acute heart failure."

In recent years there has, quite rightly, been a new awareness amongst the profession of the values of hypnosis in treatment. It is quite obvious that the patient most probably would have died of his status asthmaticus without the use of hypnosis, all other known methods having been tried without avail. Asthma must be considered, however, as a symptom and not a disease. What were the true psycho-dynamics of this patient's asthma? According to Dr. Sinclair-Gieben he was a very well adjusted man. This, with due deference, I question. I am certain that by careful analytical questioning one would find gross emotional upset.

This asthmatic attack was the patient's unconscious means of dying. When the attack was cured he unconsciously realized that this way of escape had been removed, and so three days later he dies of acute heart failure. This case emphasizes that when treating cases of asthma by hypnosis one must endeavour to find the true unconscious meaning of the attacks. In no way am I suggesting that the use of hypnosis in this case led to the patient's death, but I am endeavouring to bring to the notice of all who use hypnosis in the treatment of asthma the tremendous importance of ascertaining a history of its deep-seated dynamics. Unless this precaution is taken other alarming symptoms from time to time will reveal themselves.—I am, etc.,

London W.1. ALAN AKEROYD.

Is Thalidomide to Blame?

SIR,—I feel that four cases which have occurred in my practice recently are worthy of mention, as they may correspond to the experience of other practitioners. They all presented in more or less the same way—each patient complaining of: (1) Marked paraesthesia affecting first the feet and subsequently the hands. (2) Coldness of the extremities and marked pallor of the toes and fingers on exposure to even moderately cold conditions. (3) Occasional slight ataxia. (4) Nocturnal cramp in the leg muscles. Clinical examination in each case has been essentially negative, and during this time I have not noticed similar cases in my practice.

It seemed to me to be significant that each patient had been receiving thalidomide ("distaval") in a dose of 100 mg. at night, the period during which the drug had been given varying from eighteen months to over two years. Thalidomide is generally regarded as being remarkably free of toxic effects, but in this instance the drug was stopped. Three of the patients have now received no thalidomide for two to three months, and there has been a marked improvement in their symptoms, but they are still present. The fourth patient stopped taking the drug two weeks ago, and it is therefore too early to assess the effect of withdrawal.

It would appear that these symptoms could possibly be a toxic effect of thalidomide. I have seen no record of similar effects with this drug, and I feel it would be of interest to learn whether any of your readers have observed these effects after long-term treatment with the drug. I might add that I have found it otherwise to be a most effective hypnotic with no "morning hang-over" effect. It has been especially useful in patients with skin pruritus and discomfort.—I am, etc.,

Turriff, Aberdeenshire. A. LESLIE FLORENCE.

Digitalis Poisoning

SIR,—Your contributors (November 12, pp. 1402 and 1409) are to be congratulated on drawing attention to atrial tachycardia with block as a manifestation of digitalis intoxication. Since reading Lown and Levine's description[1] of this five years ago I have noted several examples, one of which has been published elsewhere.[2]

Perhaps the rather confusing terminology prevents wider recognition. "Paroxysmal," although used by Levine, is not a label that can be given as a result of a single cardiographic study, and seems inappropriate when each "paroxysm" is drug-induced. And surely the time has come to stop trying to make a rigid distinction between atrial tachycardia and flutter which Prinzmetal[3] has shown to be essentially the same phenomenon, differing mainly in the rate of discharge of an ectopic focus.

The important point, as Dr. Samuel Oram and his colleagues say (p. 1402), is recognition of the rapid atrial rhythm which is due to digitalis. The curious variability of the auriculo-ventricular block is one of its most suspicious features.—I am, etc.,

St. Helier Hospital, Carshalton, Surrey. C. P. PETCH.

REFERENCES

1 Lown, B., and Levine, S. A., *Current Concepts in Digitalis Therapy*, 1955. Churchill, London.
2 Petch, C. P., *Brit. J. clin. Pract.*, 1959, 13, 266.
3 Prinzmetal, M., *et al.*, *The Auricular Arrhythmias*, 1952, 3rd edition. Thomas, Springfield, Illinois.

A Case of Atrial Septal Defect

SIR,—I read with great interest the discussion between Professor J. McMichael and Dr. Monica Bishop about the evidence of carditis in a case of atrial septal defect (November 26, p. 1585), as I happen to be working (with Professor R. Scalabrino) on a very similar instance of Lutembacher's syndrome: a 44-year-old woman, with a story of heart disease, cardiogram showing right bundle branch block and right ventricular hypertrophy, who died from cardiac failure and at whose necropsy a 3.5-cm. wide atrial septal defect, mitral stenosis, and tricuspidal lesions were found. Following on serial sections of the His-Tawara bundle, I noticed several round-cell aggregates, fibrosis, and thick-walled, stenotic arteriolae at the upper portion of the ventricular septum. The bifurcation and the right branching of the bundle seemed to be involved and damaged. The base of the tricuspid, the walls of the right atrium, and the region of the sinus node showed groups of lympho-histioid elements. No typical Aschoff bodies, however, have been observed.

I would like to point out that such a carditis in Lutembacher's syndrome could be regarded as not uncommon and, sometimes, as responsible for clinico-pathological changes (conduction troubles) besides the classic valvular ones.—I am, etc.,

Department of Pathology, University of Milan. LINO ROSSI.

Chemical Diagnosis of Steatorrhoea

SIR,—Although the facts about steatorrhoea determined by Dr. Edward B. Hendry (October 1, p. 975) are mostly unexceptionable, the conclusions are quite misleading. He finds, as do most other investigators, that the 24-hour faecal output of fat is a very reliable method of diagnosing steatorrhoea, whereas values of per cent. of fat in dried stool correlate very

图 5-7 1960 年 12 月 31 日，《英国医学杂志》发表了一封由莱斯利 · 弗洛伦斯博士写的信

读到此信后，担心此项副作用会影响孕妇腹中胎儿的神经发育，于是她马上约谈梅里尔公司的代表，要求他们提供更详细的关于此项副作用的实验报告。

梅里尔公司非常恼火，自己的申请落到了这样一个多事的官员手里。新实验数据需要更多时间才能取得，凯尔西还可以据此把审批时间再延长 60 天，等的时间越长，梅里尔公司在金钱上的损失就越大。于是梅里尔公司一方面不断整理欧洲的实验数据报给凯尔西，另一方面又在联系政治掮客、妇女界人士等，让他们游说凯尔西，尽快通过"反应停"的申请，并且还向凯尔西的上司投诉，指责她故意刁难。同时，梅里尔公司还向美国的 1000 个医生分发了 250 万片"反应停"，让他们开给女病患做初步临床试验。

可想而知，凯尔西面临的压力有多大，但是这压力似乎也激发了她的斗志："不行就是不行，除非你们的实验数据能证明这药是安全的。"

确认药致畸，强制全下架

事情于 1961 年出现了转折。1961 年 11 月，德国医生维杜金德·伦兹发现他接诊的一些产妇，产下了内脏器官不正常，或者眼睛、耳朵有缺陷以及患有海豹肢症的婴儿——他们的四肢发育不全，短得就像海豹鳍足。而这些孕妇在孕早期，也就是怀孕的前三个月都服用了"反应停"。于是，伦兹发出警告，指出"反应停"极大可能会导致胎儿畸形。德国药物管理机构火速将"反应停"下架。11 月 27 日，英国也出手了，下架"反应停"。

1961 年 12 月 16 日，澳大利亚产科医生威廉·麦克布里德在著名的医学期刊《柳叶刀》上发表报告，称他所接生的产下患海豹肢症婴儿的产妇都曾经服用"反应停"。而这时，在欧洲和加拿大已经发现了 8000 名患海豹肢症的婴儿。

这一下在全世界掀起了滔天巨浪。在公众和媒体的压力下，各国政府纷纷将"反应停"强制下市。专家估计，该药此时已经造成了约 2000 名儿童死亡，10000 名婴儿一出生即患有海豹肢缺陷（也有人估计受害婴儿达到了 20000 甚至 100000 名），其中有 5000 名是在联邦德国。

1962 年 3 月，梅里尔公司撤销了"反应停"在食药局的上市申请。事后，食药局也紧急召回这些药物。遗憾的是，美国还是有 17 名孕妇产下了患海豹肢症的畸形儿。不过，这相比其他国家而言已经好太多了。要知道，当时已经有 14 家药物公司代理了"反应停"在全球 46 个国家的销售业务，这场药物灾难让成千上万个家庭陷入了深深的痛苦之中。

女英雄获勋章，政府修法案

1962 年 8 月 7 日，美国总统肯尼迪为凯尔西授予了美国公民的最高荣誉——杰出联邦公民服务勋章，以此来表彰和感谢她在巨大压力面前毫不退缩，以严谨的科学态度和无与伦比的勇气挽救了无数美国家庭的义举。

后来，美国于 1962 年迅速通过了《科夫沃-哈里斯药品修正案》，建立了现代新药审批的标准。新修正案将处方药品广告管理的权限从联邦贸易委员会移交给食药局，并要求制药商必须在标签上说明药品副作用。这些规定让食药局进一步加强了对制药商的控制。

此外，食药局原来规定，如果其没有在 60 天内对新药的申请提出反对，那么药厂可以自行上市，现在这一规定被取消。除了制定更严格的审批程序外，食药局还要求制药商必须在新药上市之前，提供关于药品临床试验安全性与有效性的数据，且药厂不能删除任何不良反应的记录。如果食药局认为已经上市的药品缺乏安全性和有效性，则可以将其强制下市。为了保护药品受试者的安全，食药局还必须在临床试验前进行审评。

图 5-8　凯尔西博士受到美国总统肯尼迪的表彰

后来进一步的药品毒性试验显示，"反应停"对大鼠、小鼠和荷兰猪不具致畸性，但对灵长类动物具有强致畸性。"反应停"对胎儿的损害与孕妇服用的时间有关。如果怀孕 20 天时服用"反应停"，会导致胎儿脑损伤；21 天时服用，会损伤眼睛；22 天时服用，会导致耳朵和脸缺陷；24 天时服用，会导致胳膊畸形；28 天时服用，可致腿部畸形。而怀孕 24—28 天的时候，正是孕妇早期孕吐出现的时候。所以才会有这么多患海豹肢症的婴儿出生。

一些国家的药品代理商和政府在此事后开始向受害者进行赔偿及提供援助。比如 1973 年，一家英国经销商同意对英国的受害者进行赔偿，并建立了沙利度胺基金。1990 年，加拿大联邦政府向加拿大的受害者提供 750 万加拿大元援助。与之成为鲜明对比的是格兰泰公司，直到 2012 年，其首席执行官哈拉尔德·斯托克

图 5-9　晚年的凯尔西

才发表讲话，50 年来首次就"反应停"致新生儿先天畸形道歉，但依然拒绝承担责任。

2015 年 8 月 7 日，101 岁的女英雄凯尔西去世。

第6章

性格影响科学进程？

致那段因为面子而被浪费的光阴

登上数学顶峰的年轻人

毫无疑问，莱布尼茨是一个很聪明的人，年轻有为，当他在无穷级数方面取得开创性成就时，大科学家惠更斯就于1673年引荐他加入了英国皇家学会，成为会员，时年27岁，被视为数学界一颗冉冉升起的学术新星。

后来的故事大家也都知道了，他在数学研究方面持续取得佳绩。在英国数学家佩尔、尼古拉·麦卡托、巴罗、布瑞基、蒙哥利等人已有研究的基础上，在惠更斯的指导下，他的微积分思想开始萌发，并逐渐走向成熟。1684年10月，莱布尼茨在《教师学报》上发表了论文《一种求极大值和极小值，以及求切线的新方法，它也适用于分式和无理量，以及这种新方法的奇妙类型的计算》。这篇论文虽然只有6页纸，却是数学史上第一篇正式发表的微

图6-1 莱布尼茨

积分文献。在这篇论文中，他定义了微分，采用了微分符号"dx"和"dy"，给出了函数的和、差、积、商、乘幂与方根的微分公式，还有复合函数的链式微分法则，也就是后来的"莱布尼茨法则"。

　　有了微分，当然还需要论述积分。1686 年，莱布尼茨发表了他的第一篇积分学论文《深奥的几何与不可分量及无限的分析》。这篇论文的题目同样看起来就十分"深奥"，但这是他的第一篇积分学论文，他在本文中，正式使用了积分符号"$\int$"。

与牛顿同时代，幸或不幸？

　　另一位伟大的科学家牛顿和莱布尼茨一样也对微积分感兴趣。这也不难理解，前面我们提到莱布尼茨为了做微积分研究而

图 6-2　牛顿

充分研读了众多前人的著作，其中就包括英国数学家巴罗。巴罗在《光学讲义》和《几何讲义》中提出了"微分三角形"的方法和思想，而巴罗正是牛顿的老师。另外，莱布尼茨所关注的尼古拉·麦卡托的《天体学新假说》，以及论述求双曲线面积方法的《对数技术》，有证据表明它们也都是牛顿重点研读的文献。

牛顿其实早在 1664 年就已经开始了对微积分的研究。他自述在 1665 年发明微分学，名为"流数术"，1666 年建立积分学，他给它起名"反流数术"。尽管发明得早，但是正式出版得晚，他只是写了这方面的论文在朋友圈中传阅。牛顿对微分学的第一次正式论述，是在 1687 年出版的巨著《自然哲学的数学原理》中，而

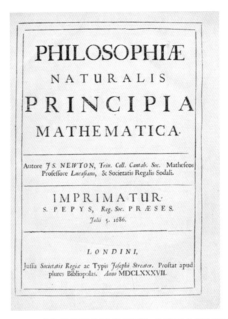

图 6-3　《自然哲学的数学原理》（拉丁文版封面）

积分学则发表在论文《曲线图形的求积法》中。这篇论文是牛顿于 1704 年出版的《光学》一书的数学附录。由此可以看出,他关于微积分的论文要比莱布尼茨晚好几年发表。

牛顿知道莱布尼茨在做关于微积分的研究,也曾经大方承认莱布尼茨在这方面的工作成绩。在《自然哲学的数学原理》第一版和第二版中,牛顿写下了这样的一段话:"十年前,在我与最杰出的几何学家莱布尼茨的往来信件中,当我要告诉他我已掌握了一种求极大值和极小值以及作切线等的方法时,我将这句话的字母顺序作了调整以保密,这位最不同寻常的人竟回信说,他也发明了一种同样的方法,并陈述了他的方法,它与我的几乎没有什么区别,只是用词和符号不同而已。"耐人寻味的是,在该书第三版中,这段话被删除了。

与莱布尼茨相比,牛顿当时已经是闻名于世的科学大家,1703 年,他还成为英国皇家学会的会长。不过,牛顿的心胸算不上开阔,他不能忍受有人声称在自己之前发明了微积分,尤其在全欧洲都将莱布尼茨视为微积分的发明人,并对其赞誉有加的时候。

不光牛顿不能忍,一帮英国数学家也不能忍,他们被莱布尼茨刺痛了骄傲的神经。比如英国著名数学家华里斯,他在《数学著作集Ⅲ》中就暗示莱布尼茨通过与牛顿等英国学者的通信,剽窃了牛顿的想法。而欧洲一些学者比如约翰·伯努利等则出面为莱布尼茨辩护,一时间欧洲科学界乱成一锅粥,吵架吵到最后也已经超出科学范畴,而上升为事关民族大义的大事。

更糟的是,1712 年,英国皇家学会出手了。它成立了一个调查委员会，专门调查微积分的优先发明权。很快，1713年初，调查委员会出具了结论——牛顿是微积分的第一发明人。这就太尴尬了，因为牛顿就是英国皇家学会的会长。

莱布尼茨闻之震怒，指责英国皇家学会对自己的不公正判定。于是他在1713年马上写了《微积分的历史和起源》一文，详述自己与英国学者的通信始末，来为自己辩护。

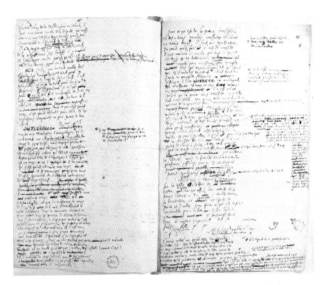

图6-4　莱布尼茨1713年写的《微积分的历史和起源》（现藏于波兰国家图书馆）

两条路线攀登同一座高峰

1716年莱布尼茨去世，1727年牛顿去世。关于两人谁是"微积分第一人"的争论并没有结束，只是随着他们的去世变平和了一些。后世的数学史学家们调查了莱布尼茨与牛顿等英国学者的通信原稿，又调查了他的研究手稿，已经排除了他抄袭牛顿思想的可能，认为两人分别独立发明了微积分。

如果要用一个成语来描述牛顿和莱布尼茨对微积分的发明，那应该是——"殊途同归"。他们二人是从两个不同的角度来解决同一个问题。

牛顿是位物理学家，他从力学和运动学的角度出发来研究速度变化的问题，他把连续变化的量称为"流量"；无限小的时间间隔称为"瞬"；流量的速度，也就是流量在无限小的时间内的变化率，称为"流数"。这就是牛顿的微积分被他命名为"流数术"的原因。

而莱布尼茨是位数学家，他是从几何学中求切线的问题出发，在研究了求曲线的切线问题和求曲线下面积问题之后，发现微分和积分是互逆的两个运算过程。

本来两人的解决方案都不错，由于莱布尼茨数学家的背景，他更注重选择和设计微积分的运算符号体系。他的运算符号简洁而准确，而牛顿则不拘小节，没有在运算符号方面多费心思。所以人们在计算过程中发现莱布尼茨的微积分符号非常好用，使得越来越多的人倾向于学习他的微积分思想，而放弃了牛顿的"流数术"。

固守"流数术"，慢行百年路

固执的英国学者既无法接受自己的偶像被超越，也无法容忍自己的国家被超越，因此，他们做出了一个很不科学的决定——不管别人怎么样，我们一定要坚守牛顿的"流数术"，坚决不用"微积分"。

这么做的后果相当严重。要知道，欧洲大陆的数学家们在莱布尼茨之后不断完善了他的微积分思想，如伯努利家族、欧拉、达朗贝尔、拉格朗日、拉普拉斯、勒让德等，他们在莱布尼茨的基础上开辟了新的数学研究领域，取得了很多新的成果。而拒绝莱布尼茨的微积分体系就无法和这些大数学家们对话，甚至看不懂他们所写的书和论文。

尽管如此，英国人对"流数术"的坚持在牛顿去世后又延续了近一百年。而他们也付出了惨痛的代价——英国的数学界在这期间鲜有作为，眼睁睁地看着法国和德国相继成为欧洲的数学中心。

直到剑桥大学一个叫查尔斯·巴贝奇的年轻人出现才打破了这个僵局。1812 年，巴贝奇和一群年轻大学生成立了数学分析学会，积极向英国介绍欧洲大陆在数学方面的成就，并翻译了法国数学家拉库阿写的教科书《微积分》。在他们的不懈努力下，英国学界逐渐意识到学习莱布尼茨微积分的重要性，也意识到在更先进的运算方法面前，再固守成规只会让自己更加落后。于是他们终于接受了莱布尼茨体系，并承认莱布尼茨和牛顿都是微积分的发明人。英国数学开始复兴。

而命运是如此有趣，巴贝奇似乎是在冥冥之中被选定为牛顿和莱布尼茨之争的终结者。他在 1816 年被选为英国皇家学会会员，1826 年至 1839 年在剑桥大学任卢卡斯数学教授，而历史上第二个获得这一教授席位的人就是牛顿。此外,巴贝奇还是计算机科学的先驱,他于1834年提出了现代计算机的前身——分析机的原理。而莱布尼茨正是现代计算机科学的重要理论——二进制的提出者,他本人甚至在1671年就制造了第一台能够进行加、减、乘、除四则运算的机械式计算机。从这个意义上来说,巴贝奇也是莱布尼茨计算机研发事业的继承者。

图6-5 莱布尼茨乘法器的复制品(现藏于德意志博物馆)

历史似乎总会在不经意间给出最为巧妙的安排。但是,那因为面子而浪费的一百年时光却是留在英国人心上久久无法抹去的遗憾。

愤世嫉俗的天才逃不过命运的安排？

科学史上有一位非常伟大的数学天才，以极其别扭的方式过完了他短暂的一生，几乎所有人在看到他的故事时，都忍不住一声叹息，如果他能向社会妥协一些，是不是会有一个更好的结局？这个悲剧式的天才就是法国数学家——埃瓦里斯特·伽罗瓦。

天才露头角，性格显乖张

1811 年 10 月 25 日，伽罗瓦出生在法国巴黎大区上塞纳省的一个市镇——布拉雷纳市，又名皇后镇。父亲长期从政，一度担

图 6-6　青年伽罗瓦像

任布拉雷纳市市长一职。他的母亲是一位法官的女儿，能流利地阅读拉丁文，是古典文学的爱好者。伽罗瓦儿童期的教育都由他母亲负责，他10岁时，曾有机会进入兰斯学院读书，但是他母亲决定把他留在身边直到12岁。良好的家庭氛围，宽松的教育环境，让伽罗瓦可以心无旁骛地学习，但是，父母的偏爱让他欠缺与人交往的经验。

1823年，他进入路易大帝中学学习。这所中学很牛，到今天已经有400余年的历史，曾培养出蓬皮杜、德斯坦、希拉克等多位法国总统，还有伏尔泰、狄德罗、雨果、莫里哀、罗曼·罗兰等著名文学家。可想而知这所学校里的学生大多非富即贵，而伽罗瓦和同学们似乎相处一般，他的老师们评价他有"杰出的才干"，但是"为人乖僻、古怪、过分多嘴"。

伽罗瓦在学校里的头两年表现优秀，拉丁语还拿到了一等奖。1826年，他在要升入最高年级——一年级的时候，遇到了麻烦。校长和老师认为他身体瘦弱，思想也不成熟，不建议他升学。就这样，他留级了，又读了一次二年级。他很快就对这些功课厌倦了，14岁时，他发现了一生的兴趣所在——数学研究。他在学校里发现了一本大数学家勒让德的书，他一点也不觉得枯燥，就像看小说一样，居然一口气读完了。之后，他又阅读了数学家拉格朗日的《论任意阶数值方程的解法》《解析函数论》等书，还有欧拉和高斯的著作。这下他好像进入了一个新的世界，数学的美妙让他深陷其中，于是他将主要精力都投入到数学上，而其他课程则表现平平，老师们对他的表现并不满意。

1828年，他在数学老师里夏尔的帮助下，在法国专业数学杂

图 6-7　路易大帝中学外观

志《纯粹与应用数学年报》上发表了他的第一篇论文《周期连分数的一个定理的证明》，并向法兰西科学院提交了备忘录。里夏尔是位善于发掘人才的教师，除了伽罗瓦，他的学生中还包括预测海王星存在的著名天文学家勒维耶和杰出的数学家厄米特。

痛失父挚爱，考学两连败

　　同年，在里夏尔老师的鼓励下，伽罗瓦还雄心勃勃地报考了当时法国最负盛名的数学研究机构——巴黎综合理工学院，19 世纪中期后，这所学校甚至因为在数学教育方面十分突出，而被人们昵称为"X"。它创立于 1794 年，当时是为了改变法国 1789 年大革命后，极度缺乏工程师的局面而建立的。当它 1794 年招收第一届学生时，在师资配置上也花费了不少心思，一些著名学者被聘为教授，其中就包括大数学家拉格朗日。这也许是伽罗瓦对这所学校心向往之的原因之一，只是不知何故，他考砸了。

图 6-8　巴黎综合理工学院的校徽，"X"在校徽图案中被置于显眼位置

1829 年夏天，他再一次报考巴黎综合理工学院，却再次被拒之门外。原因据说是面试主考官对他的数学观点不理解，继而对他大声嘲笑，伽罗瓦被激怒，拿起黑板擦布扔到了主考官头上。还有一个说法是，伽罗瓦拒绝回答关于对数的简单问题，认为这是对他数学天赋的侮辱。简而言之，愤怒的伽罗瓦失去了进入心仪学校的机会。

伽罗瓦无法控制自己的情绪也可能和另外一件事有关。1829 年 7 月 2 日，他的父亲因为受不了一些天主教牧师的诽谤和谩骂而自杀了。这对他的打击相当大，他曾说"父亲是他的一切"，父亲的死可能也促使他后来转而支持共和主义。

三投皆不顺，怒怼科学院

在里夏尔老师的劝说下，伽罗瓦最终决定进入巴黎高等师范学院学习。这所学校在数学研究方面比巴黎综合理工学院差远了，但是，只要在被录取时签字同意毕业后为国家服务六年，学校就可以提供学费和生活费的资助。这为伽罗瓦解了燃眉之急，当时家中收入锐减，母亲和年幼的弟弟都需要照顾。

当了半年预科生后，1830年2月，伽罗瓦正式成为巴黎高等师范学院的学生。进入大学后，他把更多精力投入到数学研究。可是，他的运气似乎并不好。他在进入大学前，也就是1829年上

图6-9　巴黎高等师范学院

半年，曾把一篇论文寄给法兰西科学院审读，不幸的是这篇论文被数学家柯西遗失了。

1830 年，他再次寄出论文。这次，科学院把论文分配给数学家傅立叶审读。可是，傅立叶还没有来得及看，就去世了。伽罗瓦的论文又一次下落不明。

他只好第三次寄出论文简述，并在文后附言，希望审读者能仔细读完。1831 年 1 月 17 日，法兰西科学院把论文简述分配给数学家泊松和拉克鲁阿。他得知后，又给法兰西科学院的院长写信提醒，不要因为自己是一名大学生，就预设他没有解决问题的能力，并直言"这次我的手稿还会再被弄丢吗"。

在伽罗瓦尖酸的质问下，他的论文被两位数学家在全院大会上宣读，然后就被拒稿了。原因是他们没有读懂。

无人解群论，明珠厚蒙尘

伽罗瓦的论文有那么难懂吗？还真是的，很难懂。

伽罗瓦想解决的是五次及更高次代数方程的解法。方程我们并不陌生。早在公元前 2000 年，古巴比伦人在泥板文书中就留下了解一元二次方程的例子。在耶鲁大学收藏的一块编号为 7289 的泥板上，记载了 $\sqrt{2}$ 的近似值——1.414213。据此推断，他们当时就掌握了一元二次方程的求根公式。而一元三次方程的求根公式则直到 1545 年，才由意大利学者卡尔丹在《关于代数的大法》一书中提出（据卡尔丹自述，这个方法是从另一位数学家塔塔利亚那里"偷"来的，在此不做展开）。

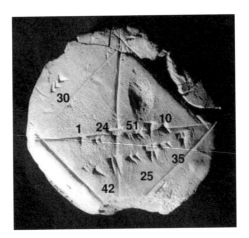

图 6-10　耶鲁大学所藏 7289 号泥板，表明古
巴比伦人在公元前 2000 年就有√2的概念

　　其后，数学家费拉里、笛卡尔、欧拉都为一元四次方程的求
根公式做出了贡献。到五次方程的时候，数学家们遇到了巨大的
困难。拉格朗日说，这一难题"好像是向人类智慧的挑战"。在按
照常规方法做出一次次繁复运算而不得后，他预言，或许求解一
般五次方程的代数方法并不存在。1824 年，挪威数学家阿贝尔证
明了高于四次的一般代数方程没有一般形式的代数解。

　　可见，伽罗瓦的论文实际上是在向当时世界上最难的数学问
题发起进攻。他的解决之道是完全跳出之前数学家的解题思路，
关注运算最本质与最抽象的东西，用全新的符号体系，确立新的
范式来解决这一难题。

　　他在拉格朗日工作的基础上提出"群论"。因为抽象，所以这
个概念并不是很好理解。简单来说，"群"就是集合加运算，而"群"
的作用是描述对称。在这里，"对称"就是指"某种操作下的不变

性或者守恒性"。怎么理解呢？举个例子，我们拿一张纸，剪出一个正圆形，在圆周上任取一点 A，然后固定圆心，让这张圆形的纸以一定角度旋转，这时我们会发现，无论 A 旋转到哪个位置，这个圆始终是一个对称图形。

把圆看成一个集合，而旋转就是某种运算，我们把运算前的圆视为一个群，运算后的圆视为另一个群，两者相比虽然观察点 A 的位置变了，但是圆形对称的实质没有发生变化。

更进一步观察，我们将发现，其实观察点 A 的位置对最终结果没有影响，旋转的角度其实也不重要，"群论"关心的是对称最本质和最抽象的东西，比如上面实际上讲的是圆的中心对称性质，而换一种方式，把这张圆形的纸沿着直径对折，会发现它同样对称，这就是轴对称。"群"关心的是操作——究竟是围绕圆心旋转还是沿直径对折——这就是"群"的运算。

在伽罗瓦之前，数学家韦达发现了根与方程系数的关系，然后大家通过系数计算根，发现了根的对称性，伽罗瓦则在根的对称性基础上发展出"群论"，他在阿贝尔工作的基础上，把全部问题转化或归结为置换群及其子群结构的分析。

伽罗瓦证明，一元 n 次方程能用根式求解的一个充分必要条件是该方程的伽罗瓦群为"可解群"。由于一般的一元 n 次方程的伽罗瓦群是 n 个数字的对称群 Sn，而当 $n \geqslant 5$ 时 Sn 不是可解群，所以一般的五次以上一元方程不能用根式求解。

不过很遗憾，法兰西科学院的数学家们当时并没有读懂伽罗瓦"群论"的意义。

愤世怒发声，身陷囹圄苦

伽罗瓦的大学生活也颇为不顺。他的一生始终处在动荡之中，从拿破仑帝国、波旁王朝复辟到法国七月革命，再到路易·菲利普执政初期，政局瞬息多变，父亲自杀身亡，家道中落，在数学上的抱负又接连在法兰西科学院碰壁。年轻的伽罗瓦性格冲动易怒，对现实非常不满，希望改变社会的不公。

1830 年 7 月 25 日，波旁王朝的统治者、保守的查理十世颁布法令，进一步限制人民自由，其中包括：修改出版法，限制新闻出版自由；解散新选出的议会；修改选举制度。敕令破坏了1814 年《宪章》的精神，使得此前四分之三符合资格的选民（主

图 6-11　纪念法国七月革命的名画《自由引导人民》

要是中产阶级）丧失了选举资格。这直接导致 7 月 27 日法国七月革命的爆发。

7 月 28 日和 29 日，愤怒的人民打响攻占杜伊勒里宫的战斗。伽罗瓦和一位同学两次试图溜出学校，参加战斗，但是都被门卫拦截。虽然没有亲临战斗一线，伽罗瓦激进的政治态度已经被学校知晓。他加入了资产阶级共和派激进分子的团体"人民之友"，并报名参加了国民自卫军炮兵队。

7 月 31 日，立法议会将路易·菲利普选为王国摄政。两天后查理十世退位。原本支持查理十世的巴黎高等师范学院校长吉尼奥立刻见风使舵，向新上台的路易·菲利普大表忠心。

伽罗瓦对这种行为十分不齿，他在《学校公报》上发表匿名文章，揭露校长两面派的投机嘴脸。后来他被学校开除，那一天是 1831 年 1 月 8 日。

被开除校籍的伽罗瓦在政治方面越来越活跃。1831 年 4 月，在一次"人民之友"的宴会上，他因为针对已登基的国王路易·菲利普的不当言论而被捕，直到 6 月 15 日才被释放。

一个月后，也就是 7 月 14 日，伽罗瓦带领众人走上街头游行，纪念发生于 1789 年 7 月 14 日的攻占巴士底狱事件。他又一次被捕，被判入监 9 个月。

尽管狱中条件很差，伽罗瓦又染病在身，他还是写出了两本数学著作。1832 年 4 月 29 日，他终于出狱了。

图 6-12　人民攻占巴士底狱

出狱寻爱情，命殒决斗枪

　　伽罗瓦在出狱后一个月，遇到了一个心仪的女子，为了她，他在 5 月 30 日与别的男人进行了决斗。这场决斗的关键信息并不明确。比如决斗的原因，有人说他喜欢上了一位风尘女子，为她争风吃醋；有人说是他向一位医生的女儿求爱不成，结果被这位女士的未婚夫持枪算账。决斗的对象，有人说是一名叫德艾尔宾维尔的军官；也有人说是他的好友杜沙特雷。决斗的方式，有人说是持枪互射；也有人说是俄罗斯轮盘……总之，这就是一场稀里糊涂的决斗，结果，手无缚鸡之力的伽罗瓦完败。

　　5 月 30 日清晨，腹部中枪的伽罗瓦倒在了葛拉塞尔湖附近的绿草丛中。一位路过的农民发现后，把伽罗瓦送往医院，医生回天乏术，5 月 31 日，不满 21 岁的伽罗瓦伤重去世。

这场决斗让伽罗瓦以一种匪夷所思的方式结束了短暂的一生。

而在赴约前一天，也就是 5 月 29 日，伽罗瓦匆忙写了三封信。在其中一封写给朋友舍瓦烈的信中，他谈到了自己的数学研究工作，"我在分析方面有了某种新发现"，并坚定地认为"不管泊松说了些什么话，我坚信它是正确的"。比信更出名的是他留在桌上的字条，上面有一个非常潦草的大纲，还有"这个论据需要补充，现在没有时间。1832 年"的字样。

伽罗瓦的"群论"研究工作直到 1846 年才为人所知。他的手

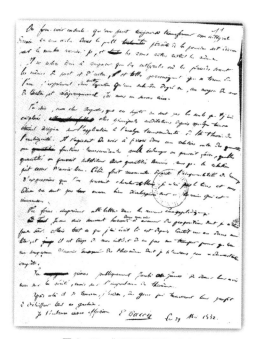

图 6-13　伽罗瓦最后的手稿

稿几经辗转，终于出版。而人们真正认识到"群论"的重要性，时间已是 20 世纪。

"群论"不只在抽象代数领域发挥了巨大的作用，它还被引入物理学和化学领域，比如通过对"群论"中费得洛夫群的研究，我们可知空间中互不相同的晶体结构只有确定的 230 种。

很多数学家都为伽罗瓦感到惋惜，如果不是这么年轻就离世，也许他还能取得更大成就。他的一生可能是对"性格决定命运"这句话的生动注解，同样境遇下让他再做一次选择，恐怕结果还是一样。

图 6-14　伽罗瓦的纪念碑